U0144675

凝煉知識 品味閱讀

們，
遇在歷史機遇轉捩點！
正面向未來，
動能源世紀變革！

能源危機

50年以後，石油沒了，我們食衣住行的生活方式也將消失。

Energy Crisis

丁仁東 編著

五南圖書出版公司 印行

自序

從前年底開始撰稿這本「能源危機」到完稿這一年半間，只能用「驚心動魄」這幾個字描述心中感觸。當許多資料一一擺在眼前，許多相關事件一一發生，使你不得不思考，人類是否真正已經到了一個危機。是的，人口膨脹問題、環境污染問題、全球暖化問題、氣候變遷問題等都困擾著我們，但這些都沒有能源危機問題來得急迫，能源危機甚至可能是下一次世界大戰的導火線。

本書收集了很多資料，涵蓋了能源使用的過去、現在與將來，其中探討的主題保括能源帶來人類革命性的改變、石油與天然氣的形成與構造，石油與天然氣的探堪與開採、石油產量高峰理論、各種替代能源方案、全球暖化與能源危機對社會的衝擊等等，最後根據這一切，也列舉一些臆測未來經濟發展的模式和生活方式。

本書仍仿照前作「自然災害」一書風格，以圖文並茂方式陳列所有體裁，因為參照一些圖片、圖表、數據等，可以使資料較為生動、更具真實性，讀者也較易明白這些嚴肅的自然科學體裁。

能源危機這個題目與我們日常生活太相關了，也太真實了，本書中有些內容在筆者撰寫當中如其所料的發生了，例如索馬利亞海盜船事件，又如全球經濟蕭條的發生，有些內容則如同預言般正等待發生中，筆者自己因撰寫這些資料，常常被這些資料震撼，相信讀者閱讀此書時也會同樣感受深刻。

崑山科技大學　丁仁東

2009年6月

目 錄

第1章 能源革命 1

1.1 前言 → 1

1.2 能源革命 → 1

1.3 能源與生活方式 → 3

1.4 能源與戰爭 → 10

1.5 二次大戰後能源的使用 → 16

第2章 石油與天然氣的形成與儲油層構造 23

2.1 前言 → 23

2.2 石油與天然氣的起源 → 28

2.3 儲油層流體－石油、天然氣、水 → 40

2.4 石油與天然氣的遷移(Migration) → 45

2.5 儲油層與蓋層 → 49

2.6 封閉構造 → 53

2.7 結論 → 60

第3章 石油與天然氣的探堪與開採 63

3.1 前言 → 63

3.2 石油與天然氣的探堪 → 63
3.3 石油與天然氣的開採 → 92

第4章 石油產量高峰 119
4.1 前言 → 119
4.2 石油產量高峰 — 哈伯特理論 → 120
4.3 哈伯特理論的後續研究者 → 125
4.4 石油產量高峰的理論根據 → 127
4.5 石油產量高峰的意義 → 133
4.6 石油產量高峰的例證 → 135
4.7 全球石油產量高峰的來到 → 137
4.8 替代能源的省思 → 143
4.9 未來情勢 → 144

第5章 替代能源 147
5.1 前言 → 147
5.2 各種替代能源 → 148
5.3 台灣替代能源的展望 → 187

第6章 全球暖化 191
6.1 前言 → 191
6.2 全球暖化的定義 → 192
6.3 大氣暖化的機制 → 193
6.4 全球暖化的產生因素 → 198

6.5 全球氣溫的變化 → 200
6.6 全球暖化的影響 → 205
6.7 全球氣候變遷的佐證—自然災害的增加 → 213

第7章 能源危機對人類社會衝擊 221
7.1 前言 → 221
7.2 能源危機對經濟的衝擊 → 222
7.3 能源危機與糧食短缺 → 230
7.4 能源危機與國家安全 → 233

第8章 未來的展望 243
8.1 前言 → 243
8.2 後石油時代來臨 → 243
8.3 動盪的經濟：停滯型通貨膨脹的魔咂 → 247
8.4 未來的生活方式 → 249
8.5 結語 → 250
參考書目 → 253
索　　引 → 259

第 1 章

能源革命

1.1 前言

回顧近幾個世紀人類的歷史，不難發現因能源的使用，人類的文明及生活方式有了一個極大的進步，也帶來環境極大的改變，這種進步和改變都是因著能源的使用而產生，是以往人類想都不曾想過的，因此我們可以說這是一場能源的革命。

1.2 能源革命

就像輪子是人類一個重要的發明，因為它改變了人類生活的方式；1712年，在人類的歷史上也有一件改變了人類歷史的發明，就是英國人湯瑪斯・紐考門(Thomas Newcomen 1663～1729)發明了可以連續工作的實用蒸汽機(圖1.1)。紐考門的蒸汽機是為了解決礦坑進水的問題，當時礦工常受礦坑積水所困擾，使用人力或馬來抽水，非常不便。

紐考門蒸汽機的構造，是先把活塞套在汽筒上，將熱的蒸汽引到汽筒裡以推動活塞，然後再用冷水來冷卻汽筒使蒸汽變

圖1.1：1712年紐考門發明的蒸汽機，改變了人類歷史。

成水，所以裡面就成了真空的狀態，如此活塞就會被外面的大氣壓力壓下去。之後再引進蒸汽，如此使活塞能上下推動，操作抽水機把柄的升降而抽出水來。不過，紐考門的機器，是靠大氣壓力的力量來推動活塞，動力有限，抽出來的水不多，嚴格說來應稱它為大氣壓力機。

因為紐考門對工業革命所作的偉大貢獻，他被譽為工業革命之父。

1768年瓦特(James Watt)改良紐考門利用大氣壓力推動活塞的方法，使它變成名符其實使用蒸汽來推動活塞，因產生動力大幅增加而被廣泛使用，因著蒸汽機的發明帶給人類生產方式及生活厲害的改變，帶進人類產業、經濟、社會極大變革，史上稱之工業革命。

紐考門蒸汽機劃分了一個新的時代，如同青銅時代、鐵器時代分別表示使用製造工具和武器的不同時代，紐考門蒸汽機開始了一個「能源時代」，先是煤作為主要能源約一個世紀之久，之後人們發現石油是更有效能源。能源改變了人類的生活型態，在這之前幾千年來煤和石油不過是作為燃燒取暖或烹飪的物質，如今卻成為全世界都想擁有的動力的來源；從前是農村社會，農人或工人從早到晚不停操勞工作，如今機器成為人類忠實的奴僕，只要提供足夠能源機器能替人日以繼夜不停工作，使人能騰出餘暇來從事體力外的休閒活動。人類也從幾千年對能源使用的沉睡中覺醒，覺悟能量是自然的偉大力量，它帶來生活方式的轉變。詩人布雷克(William Blake)感嘆的說：「能量是不朽的歡愉」，實在很恰當的表達了這種使用能源的感觸。

1.3 能源與生活方式

1. 第一期工業革命

紐考門發明了第一部蒸汽機後近一個世紀內，整個世界進入一個煤能源時代，歷史上稱為蒸汽時代或機器時代，是為第一期的工業革命，時間大約從1760至1830年代。這一期的改革大致偏重於紡織、礦業和水陸交通。除了紐考門與瓦特改良蒸汽機外，十八世紀至十九世紀中葉尚有其他重要發明與動力的增進有關，如1738年英國凱約翰(John Kay)發明飛梭改進織布機效率，1764年哈格里佛士(James Hargreaves)發明紡紗機，

1779年克倫普呑(Samuei Crompton)製成紡棉機，1785年卡特賴特(Edward Cartwight)發明自動織布機，1793年美國惠特尼(Eli Whitney)發明自動織布機，1807年美國工程師富爾敦(Robert Fulton) 設計第一艘汽船，1803年英國工程師理查．德特里維西克(Richard Trevithick)將瓦特的蒸汽機改進成高壓蒸汽機，使蒸汽成為蒸汽機車動力，它可以每小時5英里速度載重20噸貨物(圖1.2)。1812年特列維雪克製造科爾尼鍋爐，1825年英國人斯蒂芬遜製造了第一輛蒸汽火車，開始了鐵路運輸的新紀元。

因為能源與機器的使用使世界發生極大的變化。首先世界變得富有也變得小了，因生產方式的改變增加了社會與個人的財富，許多人一夜致富；同時鐵路縮短了城市間距離，輪船可以從事遠洋航海，使各大陸相聯。其次鄉村人口移往都市造成了都市化現象及都會區形成；人民生活水準提高與醫療及衛生的改進，使世界人口遽增，1815年歐洲人口為二億人，到1914

圖1.2：1803年理查．德特里維西克發明的蒸汽機車

年增至四億六千人。此外因為自由經濟主義的興起，擴大了人民對民主政治的參與，也產生了許多新的思潮。當然負面的影響也不小，比如「資產階級」與「勞工階級」的興起，造成勞資雙方的對立；貧富差距更懸殊，因而衍生出日後的資本主義與共產主義，對日後的人類社會影響甚鉅。

英國跑在所有歐美所有國家之前，首先達到新的生產方式所需的各種條件，並且以此為基礎加速推動工業革命，使英國一躍而為「世界工場」，大幅增加生產力量，也成為西方國家急起直追對象。這一切的發生是因能源的使用而產生的，從使用能源的角度來看，工業革命因此也可看為「能源革命」。在1701年，英國每人年平均消耗約半噸的煤；到1850年每人年平均消耗煤近三噸，多消耗的煤是用來生產更多生活必需品與機械，因此也帶進更多的財富。我們可推導其致富的模式為：

生產量增加 → 需要更多能源

反之亦然：

使用更多能源 → 生產量增加

換言之，能源與財富近乎可以劃上等號的關係，這個關係式直到今日仍然成立。

此段煤為主要能源時期約有百年之久，其特徵是以煤為能源並以蒸汽機產生動力，任何國家社會只要連於這兩者，就必然強盛富庶，這個趨勢直到十九世紀中業。十九世紀中業以後因為內燃機與電力的發明，煤能源逐漸由石油與天然氣取代，主要動力也漸從蒸汽機轉到內燃機與發電機，這段使用石油與天然氣為主要能源時期，一直延續到今日。

2. 第二期工業革命

十九世紀中葉以後，工業革命進入一個新的階段，更多新的發明問世：諸如電話、電力、鋼鐵、化工產品等等，稱為電氣時代，是為第二期工業革命。此時英國逐漸失去其「世界工場」地位，工業革命也由英國傳播至歐美各國，並且快速發展，法國、德國、俄國等相繼進行工業革命。美國在1865年內戰後掃除了黑奴造成的社會問題及南、北方利益衝突，也開始快速的發展工業。日本在明治政府時期決定維新，全面進行政治、經濟及社會改革，目標是實現工業化，到20世紀初已完成改革，成為工業強國。

從十九世紀中葉至二十世紀初期，第二期工業革命有下列諸項發明：1876年德國鄂圖(Nikolaus Otto)製造了世界上第一台燃燒汽油的內燃機，1876年美國貝爾(Alexander Graham Bell)發明了電話，1879年美國愛迪生(Thomas Alva Edison)發明了電燈，其後又發明了留聲機和電影，1886年賓士將內燃機安裝在三輪車上，製造了世界上第一輛汽車。1896年德國工程師狄塞耳(Rudolf Diesel)發明柴油機。同年美國福特(Henry Ford) 將輪胎裝到汽車上，製造了四輪汽車，幾年後福特以生產線的概念，大量生產T型車，使汽車成為普通使用的交通工具。1903年美國萊特兄弟(Orville and Wilbur Wright)利用內燃機技術，製造了第一部滑翔機，完成了人類幾千年來飛行天空的夢想。

3. 石油工業的誕生

煤能源王朝的結束、石油工業的誕生，發生於1901年1月10日的德克薩斯州東南的Spindletop處的一個事件，就像歷史常改變於一些突發事件，這日早晨在Spindletop這個小地方，也發生改變了歷史的一件意外。Spindletop位置在德州與路易斯安那州交界的波芒城(Beaumont)郊野，距離休斯頓約一小時車程。它的地形是一個約50公尺高的小丘，坐落在地質上鹽丘構造的一個儲油層上面。在1月10日早晨約10:30左右，Spindletop油井突然噴出大量原油(圖1.3)，工程人員因為不曉得如何控制大量噴出的石油，九天內共流出損失了約85萬桶原油，直到採用了「聖誕樹」(Christmas Tree)裝置，才控制住石油的流出。

圖1.3：1901年1月10日德州的Spin-dletop大量原油噴出

在Spindletop發現石油以前，美國石油的主要產地是賓州，因為世界第一口油井於1859年由德雷克(Edward Drake)在美國賓州發現，當時每口油井每天最多約產數百至數千桶原油，全球生產最高記錄在蘇俄的巴庫(Baku)，約日產五千桶，Spindletop產量卻達每小時五千桶。Spindletop巨額產量原因，可能是因為過去鑽井不夠深，但更主要是因之前對石油生成的原因未明，Spindletop油井的發現除了歸功於工作人員棄而不捨，首次鑽到深度達1020呎(約311公尺)，此外也歸功於引用了新開發的螺旋鑽井(Rotary Drilling)技術，放棄傳統使用的水而改用泥漿作為鑽井液，突破了以前一些鑽井技術的困難。因著Spindletop大油田的發現(圖1.4)，美國一躍而成為當時全球最大產油國，Spindletop所產石油最初達每日十萬桶，超過當時美國全國每日總油產量。墨西哥灣沿岸地區因此成為探油活動的焦點，Spindletop發現油田以前，石油工業尚未起始，石油只被提煉當作照明或潤滑使用，自Spindletop發現油田以後，石油產量因此大幅增加，時間上剛好配合了不久相繼被發明的汽車、飛機所需使用的大量燃料，代替煤成為主要的工業能源。德州很快的成為石油公司垂涎之地，在1901年當年年底前Spindletop的油井已增加超過二百座，圖1.4中可見1902年Spindletop已經油井林立，這些油井分屬超過一百個石油公司，有些公司後來發展成為全球主要石油工業公司，如海灣石油公司(Gulf Oil)、殼牌公司(Shell)、Amoco公司及後來的Exxon公司等。

德州之外，美國的路易斯安那州、俄克拉何馬州及加州也相繼發現油田，而且產量都很大。當然，石油的開採不僅限於美國和俄國。1908年英國人達西(William K. Darcy)得英國海軍之助在波斯發現石油，英波公司(後改為英伊)因而成立。1910年墨西哥發現油田，1920年波斯灣的巴林(Bahrain)發現石油，1922年委內瑞拉發現大油田，1927年伊拉克發現油田，1938年科威特與沙烏地阿拉伯也相繼發現大油田。

由於產油區的不斷勘探和發現，以及鑽井及煉油技術的改進，油價大幅度下跌，從而導致本來以煤為燃料的火車和輪船，都紛紛改用以石油為燃料的內燃機。石油的單位能量密度遠高於煤，此外攜帶空間比煤小也較乾淨，長程火車和遠洋輪

圖1.4：1902年Spindletop油井林立

船改用石油後不但速度更快，而且可騰出更多空間裝載乘客與貨物。便宜的油價也刺激了對汽車的需求，亨利福特積極發展國民車的構想，並且不斷改進，使汽車成為大眾化交通工具，他於1903年首先推出了模型A汽車(圖1.5)，後又推出模型N、模型T汽車，都廣為大眾喜愛，到1913年在歐美大陸公路上已經有超過一百萬輛汽車和貨車行走。由於對石油的需求與日俱增，世界對石油的消耗量從1900年的每日五十萬桶，到1915年的一百二十五萬桶和1929年的四百萬桶。正如蒸汽機的發明並廉價煤的豐富供應，帶進了第一期的工業革命；內燃機與電器發明並相繼全球大油田的發現，也加速了第二期的工業革命。

隨著工業發展，特別是汽車、火車、輪船飛機的發展，大型企業陸續出現，它們資金龐大，一貫作業，產品價格低廉並

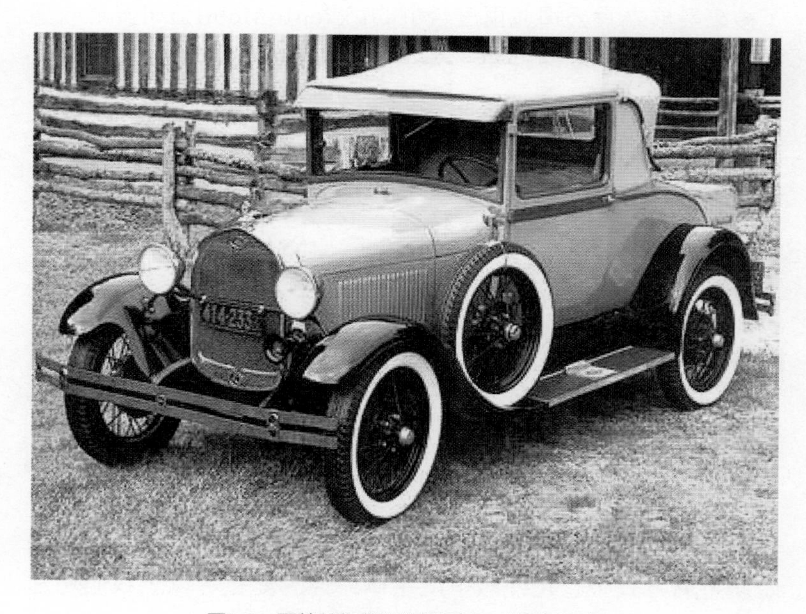

圖1.5：福特首先推出的國民車：模型A汽車

銷售全國，甚至壟斷市場，一般小企業很難與之抗衡。其中可一提的是石油大王洛克菲勒(John D. Rockefeller)的標準石油公司與鋼鐵大王卡內基(Andrew Carnegie)的美國鋼鐵公司(United States Steel Corporation)。洛克菲勒看準了石油業發展潛力，1865年成立標準石油公司，他採用了企業垂直聯合(vertically integrated)的觀念，控制石油的生產、原料、銷售，將開採、油輪、油管、煉油甚至加油站事業等，均結合一體一貫作業，且以托拉斯(trust)型態吞併了許多公司，幾乎壟斷了全美的煉油業與油管鋪設，成為全球最大的石油公司。但標準石油公司的作法，也引起許多小公司及消費者不滿，紛紛向聯邦控訴，1890年聯邦反托拉斯法(Antitrust Act)成立，制止這種企業壟斷行徑。1914年，標準石油公司被迫分成許多小公司，其中包括了後來發展為大公司並再度合併的Exxon與Mobil公司。卡內基則看到隨著鐵路、冷凍車、火車、汽車的發展，鋼鐵業前景大好，因此致力發展鋼鐵業而成為鋼鐵業鉅子，雖然他成功的方式與洛克菲勒一樣都是不擇手段併吞同行企業，但晚年傾財回饋社會，致力發展慈善公益事業，卻頗受好評，成為資本家致力於公益事業的典範。

1.4 能源與戰爭

在二十世紀上半葉全球大油田相繼被發現及汽車、飛機等主要交通工具相繼被發明後不久，許多國家被捲入了第一、二次世界大戰。

這段戰爭期間讓人看見能源的使用，不僅是改變了人類生產及生活方式，它也使戰爭產生革命性的變化，以下我們略述能源的使用對第一次與第二次世界大戰的影響。

1. 第一次世界大戰

第一次世界大戰發生於1914年，這是二十世紀初一場巨大的戰爭。在戰爭發生不久藉許多的大小戰役的學習，各國迅速發現引進機動快速動力，能贏得戰爭絕對的優勢，特別是飛機與裝甲車(坦克車)的使用。

在大戰中，交戰雙方首先認識飛機是具有無比潛力的攻擊工具，可以阻止敵軍用地面行動癱瘓敵人作戰能力，飛機投入戰場(圖1.6)，戰爭空間由平面轉為立體，要取得勝利須先贏得制空權。從此空權思想被提出，世人開始重視制空對戰爭的影響。

空軍的進展非常迅速，以英國為例，1914年戰爭開始時，英國只有飛行兵團軍官一百六十五人，士兵一千兩百六十四人，加入戰役的飛機六十三架。1918年4月戰爭末期，英國成立了空軍，這是空軍成為獨立兵種的開始，並有服役官兵二十九

圖1.6：第一次世界大戰中飛機投入戰場

萬一千一百七十五人，飛機二萬二千架，成長的速度可說是十分驚人。

但是空中絕對的優勢仍無法取得戰爭決定性的勝利，因為仍須靠步兵來掃蕩地面，為了保護步兵不受威脅並且移動迅速，因此戰車或裝甲車的觀念逐漸形成(圖1.7)，並且於1917年11月第一次被英國使用於戰役中。1918年8月英法聯軍動用了幾千輛戰車，在一次亞珉會戰中重創德軍，使其戰鬥力崩潰，不久同盟國承認失敗並停戰，結束了這次大戰，然而戰車的威力在這次大戰中卻大大的被肯定。

因為這次大戰的勝利取決於能源的使用，有一位英國官員Lord Curzon語重心長的說：「聯軍的勝利是漂浮在石油的波浪上」(「The Allies had floated to victory upon a wave of oil」)。

圖1.7：第一次世界大戰中機械動力(裝甲車)被應用於戰場

2. 第二次世界大戰

能源對戰爭的重要性在第二次世界大戰中更為明顯，因為交戰國中英國、德國與日本均不產石油，許多戰略與戰術的制定都以取得油源或攻擊敵方油源為優先考量。

大戰初期，為了攔阻英國從美國取得原油供給，德國潛艇(U-Boat)在海上發動魚雷攻擊，五個月間炸沉了美國運往英國的五十五艘油船，直到美英兩國被迫採取護航行動為止。

1941年6月，希特勒明知絕對不能兩線作戰，但因為懼怕蘇俄占領羅馬尼亞油田，切斷了德國石油主要來源，希特勒說：「軸心國的生命繫於這些油田」，毅然向蘇俄發起了戰爭。次年5月德軍向史達林格勒(Stalingrad)進攻，希特勒若將其南方集團軍全力進攻，將可輕易攻佔史達林格勒，卻為了確保油源，將其南方集團軍兵分二路，南路朝高加索山地前進以奪取俄國的油田，以致兵力分散錯失良機，並且不幸遭遇俄國極寒冷冬天(－52℃)，因此部隊在史達林格勒遭到最嚴重挫敗，德國第六集團軍撤底被殲滅，此戰改變了歐洲戰局，史學家稱史達林格勒之役為歐戰的轉捩點(圖1.8)。

圖1.8：為確保油源，希特勒發動的蘇戰爭，卻受挫於史達林格勒之役，是德國戰敗的主要因素之一。

又如北非戰場能兵善戰的隆美爾將軍，盟軍聞之色變， 稱他為沙漠之狐，卻屢屢受制於油料的極端缺乏，不能使戰車作戰術上機動性的運用，以致最終北非戰場德軍失利，以上諸史實均可見石油是最重要的戰略物資，主宰著戰爭的勝負。

同樣的對石油匱乏的恐懼也發生於日本，1931年羅斯福總統宣布凍結日本人在美國一切資金，並禁止石油輸出日本。因失去了石油來源，日本希望取得荷屬東印度群島的石油，以抵銷美國對其石油的禁運，為避免美國干涉，因此偷襲珍珠港，企圖炸燬並癱瘓美國的艦隊，愚蠢的發動了太平洋戰爭。

而在太平洋戰爭的末期，促使日本挫敗的原因之一仍是原油來源的斷絕，由於大部分日本艦隊都被擊沉於數次海戰中，缺乏了充分艦隊的保護使日本的油輪大多被美艦隊與潛水艇擊毀，其國內多數的煉油廠均缺原油，即使日本人還有足夠的飛機，卻嚴重缺乏燃料與人員，也迫使日本發動神風特攻隊(圖1.9)，作自殺式攻擊。雖然最終日本是屈服於兩顆原子彈，但從始至終一直籠罩在原油缺乏的陰影下，更是日本帝國敗亡的主要原因。

圖1.9：第二次世界大戰末期，日軍因嚴重缺乏燃料，發動神風特攻隊，作自殺式攻擊。

當然美國豐富的油產量也是歐亞戰場上獲勝的主要因素，在戰前美國軍方已經想到石油補給會成問題，戰爭期間美國及其盟邦共消耗了約七十億桶石油，其中六十億產自美國，若非美國國內石油業能及時增產以滿足戰場所需，最後勝利的時間恐還會延長。

3. 第三次世界大戰（如果？）

分析了前二次世界大戰勝敗與石油供給的關係，無獨有偶的在聖經最後一卷書啟示錄中也記載了有可能是人類最後一次戰爭的所在地哈米吉多頓，而且可能也與原油的爭奪有極大關係。茲記錄啟示錄原文於下：

我又看見三個污穢的靈，……他們本是鬼魔的靈，施行奇事，出去到普天下眾王那裡，叫他們在神全能者的大日聚集爭戰。……那三個鬼魔便叫眾王聚集在一處，希伯來話叫做哈米吉多頓。(啟示錄十六：13～16)

哈米吉多頓這個地方按照考證大約是在現今以色列北方，鑑於中東地區原油儲量約佔全球的65%，而且所有其他儲油地區均已過了石油產量高峰(詳見第四章)，未來全球油價必然受到中東幾個產油國的控制，加上該處種族、宗教、文化的衝突極深，為了取得足夠的油源，在該處爆發毀滅性的能源爭奪戰是極可能的。雖然第二次世界大戰規模的龐大、死傷的慘烈以及核武器毀滅性威力，都對強權國家發動大型戰爭產生強烈的抑制作用；但在未來石油極端匱乏之下，是否有些國家會採取瘋狂舉動，這是很難預料的。

鑒於人類武器的進步，曾經有人問愛因斯坦，如果未來爆發第三次世界大戰人類會用什麼武器？愛因斯坦幽默的回答，他不曉得第三次世界大戰會用什麼武器，但他確實知道第四次世界大戰人類會用什麼武器(石頭)。鑒於近年來全球油價一直高漲，國際間石油的供給越來越不敷需求，2008年曾一度暴漲至147美元／桶，爾後因金融風暴及經濟衰退又回跌，但一旦景氣復甦油價仍會暴漲，甚至超過每桶二百美元都極其可能，原油供需的不平衡必然造成未來全球安全極大威脅。

1.5 二次大戰後能源的使用

二次大戰後石油的經濟價值與日俱增，除了燃料用途之外，石油經裂解煉後更提供許多重要的化工原料，如甲醇、乙烯、丙烯、丙酮、四碳烯烴、苯、甲苯、二甲苯等等，石化工業幾乎是經濟發展的指標，因此石油的需求日增。歐洲、亞洲幾個戰敗國很快的復甦，刺激了全球石油的需求，從1945年的每日生產6百萬桶，1960年的每日2仟1百萬桶，到1974年的每日生產近6仟萬桶(圖1.10)；之後因幾次能源危機需求不再增加，

圖1.10：全球原油產量(美國能源署資料)

因此直到1994年的都停滯在每日生產6仟萬桶左右(圖1.10)；1990年代亞洲工業開始起步，特別是中國與印度，刺激了全球石油強勁的需求，2007年的每日需求達8仟4百萬桶(圖1.10)。

因石油的使用牽涉重大的經濟利益，一些國家均將石油生產收歸國家經營，如蘇俄、沙地阿拉伯、委內瑞拉、墨西哥等，但大多數集中於少數石油公司如Exxon、BP、Shell、Texaco、Chevron、Gulf、Shell等。能源的使用與人類的生活更是密不可分，它代表著金錢與權利，它深深影響著各國經濟與政治的發展，人類的近代史可以說就是一部能源使用史，下面我們談談近代幾個與能源使用有關的重要項目，以勾勒出近代能源使用的一幅圖畫。

1. 地緣政治

二次大戰後各國都已認識石油是極重要的戰略物質，無論平時經濟的發展及戰爭中的獲勝都非它不可，因此確保石油穩定來源是國家施政的重點。例如美國在戰後即認識保護中東地區石油的重要性，在中東地區建立許多軍事基地以保障其安全。美國也認識其國內石油有用竭之時，因此政策上開始進口石油並竭力與沙烏地阿拉伯示好，以取得沙烏地阿拉伯豐富的石油。英國仍維持與伊朗友好關係以進口其石油，直到60年代英國自己在北海發現油田。其他國家也都積極發展自己的能源政策，在能源的爭奪上各不相讓，對石油資源的控制成為一個極為重大的國家安全關鍵，關於石油與國家安全的相關的討論請見第七章。

2. OPEC的興起

OPEC全名Organization of Petroleum Exporting Countries。中文名稱為「石油輸出國家組織」，目前共有11個會員國，約

佔世界石油蘊藏77%及石油產量40%。

石油輸出國家組織於1960年在伊拉克首都巴格達成立，成立時有沙地阿拉伯、委內瑞拉、科威特、伊拉克及伊朗等五國。成立的宗旨是維護產油國利益，並維持原油價格及產量水準。成立後陸續又加入卡塔爾、利比亞、印尼、阿拉伯聯合酋長國、阿爾及利亞、尼日利亞、厄瓜多爾及加蓬等八國，現今厄瓜多爾與加蓬已退出。因為石油輸出國家組織控制了全球石油出口的大部分產量，對全球油價具有強大的槓桿作用，而石油價格的漲跌又牽引著全球經濟的發展與活動，因此石油輸出國家組織對全球經濟的影響有舉足輕重的地位。

3. 廉價石油

二次大戰後直到二十一世紀，人們除了少數幾年因產油國抵制輸出而造成石油危機外，大多期間均能享用廉價的汽油。圖1.11為1946起全球每年年初油價作圖，可看出直到二十一世紀油價才開始大幅上漲，二十世紀大多期間油價平穩，二十世紀因此被稱作「石油世紀」。但燃燒了一世紀的汽油，造成了

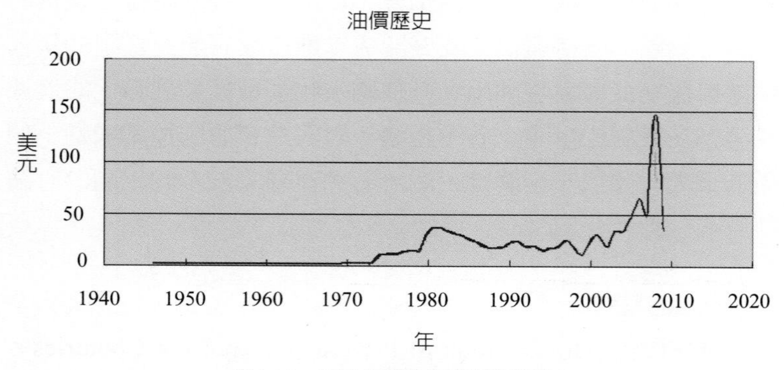

圖1.11：二次大戰後全球原油價格

人口膨脹、能源危機、環境污染、全球暖化與氣候變遷等許多問題，這些問題雖然在二十世紀已被注意，但還沒有明顯威脅人類生存，直到二十一世紀其嚴重性才逐一浮現檯面。這些問題沒有一個是容易解決的，而且直接間接都威脅著人類生存。

4. 能源危機

石油在二十世紀大都維持在低油價，除了1973、1979與1991這幾年曾發生三次的能源危機，可由圖1.11中歷年油價(每桶)變化中看出，這幾次能源危機都與政治事件有關，特別是與幾個中東國家有關。

2004年起，石油價格開始猛漲，從2004年原油價格每桶三十幾美元，一直漲到2008年突破每桶147美元，這一次石油價格的上漲與前三次能源危機在本質上是不同的，前三次的能源危機都是因突發的政治或軍事變故所引起，之後油價隨即歸於平穩或滑落。2004年起油價的上漲主要是因為全球石油供需的不平衡，全球原油供給在2006年後開始下緩，但原油需求則以每年2%比例繼續逐年增長，增加的原因與亞洲進入開發中國家有關，特別是印度與中國，因此全球原油的供應從2006年起即不敷所求。

關於石油的生產還涉「石油產量高峰」理論，即一個地區的石油生產量一過產量高峰即開始下跌，不能任意增產。全球可能已超過或接近全球的產量高峰，因此大部分經濟學家均預測，廉價石油的時代已經過去，未來國際油價只會居高不下。2004年起持續幾年高漲的油價，先造成通貨膨脹，繼之影響次級房貸，最終引發2008年全球金融風暴，全球金融與股市幾乎崩盤。全球經濟目前雖仍不景氣，至終必然復甦，然而面臨全球石油產量不足，下一波的能源危機指日可待。關於全球石油產量高峰及其造成的能源危機，我們將在第四章與第七章中再詳加討論。

5. 人口膨脹

二十世紀能源的使用造成的另一個難題，是人口膨脹問題。自然環境本來有其定律，人需要通過嚴酷的條件才能生存，所以在十八世紀中葉以前幾千年來，世界人口的出生率僅略高過死亡率，直到十八世紀初，世界人口總合還只維持在八億人左右(圖1.12)。

科技文明的發展改變了這個自然的定律，人藉著機器的運轉工作取代親自的勞動，因此帶來生活水準的提高，加上醫療及衛生的改進，世界人口因此開始急速的增長，特別顯明在二次大戰後全球人口的急速膨脹。世界人口在二十世紀初只有十幾億左右，1950年時達到25億，1960年達到30億，1974年達到40億，1987年達到50億，1999年達到60億，目前，世界人

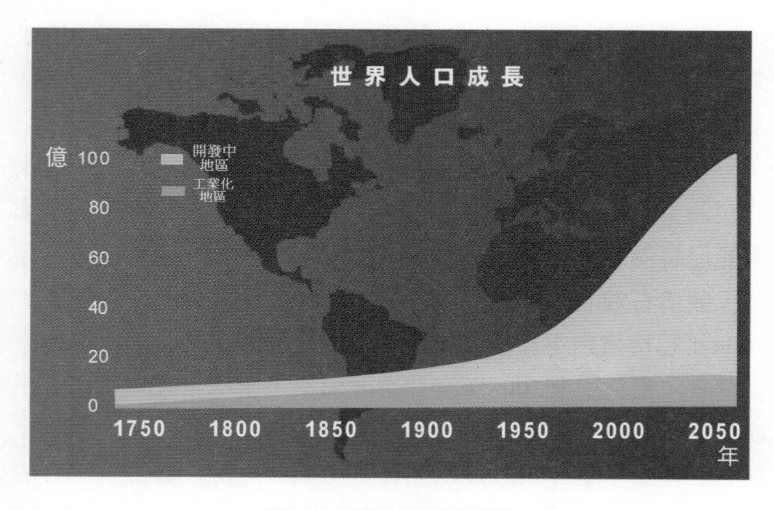

圖1.12：世界人口成長預估

口已達68億。想想看在1950年時全球只有25億人口，在這58年間，全球人口竟然擴增至近三倍，聯合國且估計在2050年世界人口將超過90億(圖1.12)。圖1.13是全球人口與石油生產量作圖，兩者成比例增長，可見世界人口的成長與石油的使用有關。世界人口的成長是呈指數形式增長，二十世紀因著使用石人口每50年將繁增一倍，人口增長主要集中在開發中國家，特別是中國、印度與非洲。

世界人口急速膨脹衍生許多問題，特別是糧食與資源問題與人口老齡化問題，人口老齡化帶給社會及家庭極大負擔。然而本書中我們關心的是另一個更嚴重問題，即後石油時代人口問題，如前所分析，人類近幾個世紀人口的膨脹，完全受惠於能源的使用，一旦失去或降低能源，優惠舒適的生活條件必然不能維持，人口也必然銳減，所衍生的諸多問題可能比以往任何時代更嚴重。

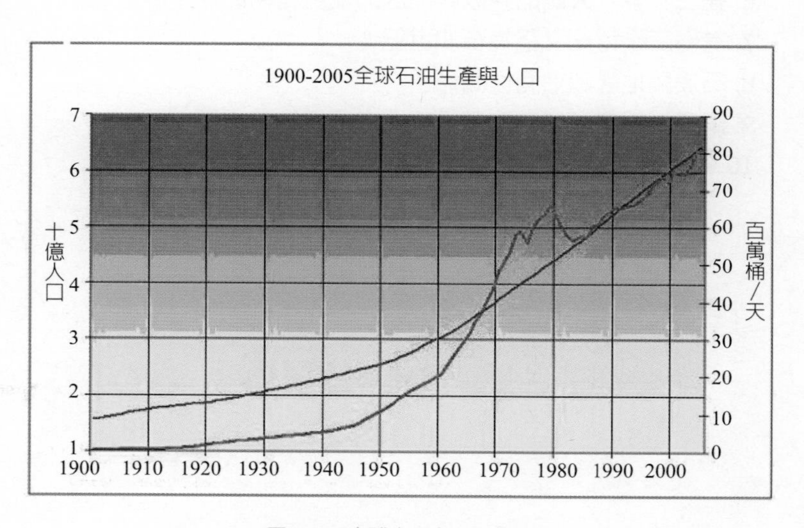

圖1.13：全球人口與石油生產

6. 全球暖化

二十世紀石油大量的被使用也產生一個環境變遷問題，即全球暖化。人為造成的暖化作用已經開始影響正常的氣候及自然環境，使氣候變遷、海平面上升、生態環境改變、並影響人體健康，關於全球暖化問題，請詳見第六章。

第一章問題

1. 能源的使用怎樣改變了人類的歷史？
2. 第一期工業革命中因能源的使用世界發生怎樣的變化？
3. 第二期工業革命中因能源的使用世界發生怎樣的變化？
4. 石油作為商業用途何時開始，何時開始大量開採生產？
5. 第一次世界大戰的勝敗與能源的使用有何關係？
6. 第二次世界大戰的勝敗與能源的使用有何關係？
7. 為何二十世紀又稱為石油世紀？
8. 石油與地緣政治有何關係？
9. 請簡述歷史上幾次能源危機與它們發生的原因？
10. 二十世紀人口爆炸與能源的使用有何關係？

第2章

石油與天然氣的形成與儲油層構造

2.1 前言

石油的使用其實幾千年前來就被人知道，例如聖經創世記第六章記載耶和華囑咐挪亞「要用歌斐木造一隻方舟，分一間一間地造，裡外抹上松香」，英文聖經King James版本「松香」用pitch字，即瀝青之意，是石油的一種固態形式。出埃及記第二章記載摩西的母親「取了一個蒲草箱，抹上石漆和石油，將孩子放在裡頭，把箱子擱在河邊的蘆荻中」，創世記與出埃及記是聖經頭二卷書，由摩西寫於公元前三千二百年左右，可見上古時期人類已開始使用石油。晉朝張華所著的「博物志」一書提到甘肅玉門一帶有「石漆」，又指出這種石漆可以作為潤滑油「膏車」，這說明我國古代人民對石油也有初步的認識和利用。唐朝段成武所著的「酉陽雜俎」一書，稱石油為「石脂水」，並記載「高奴縣石脂水，水膩，浮上如漆，採以膏車及燃燈極明」，可見當時百姓已知石油可取之作為潤滑及照明用途。

在中國古籍裡，最早提出「石油」一詞的是公元977年北宋編著的「太平廣記」，正式命名為「石油」則是根據中國北宋沈括(1031～1095年)所著「夢溪筆談」。無論是中文取名「石油」或英文取名petroleum，其命名都有異曲同工之妙，petro源自拉丁文之petra，意為岩石，例如英文的petrology是岩石學，oleum是油之意，可見無論中英文在對石油的命名上都有相同的認知。

雖然如上所述石油早期已知被作為防水、潤滑、藥用、照明等用途，但直到十九世紀下半業石油才開始產生商業用途，主要是因著當時煤油燈(kerosene lantern)的使用刺激了石油大量的開採。石油經蒸餾而得到的煤油，作為照明用途，證明能量含量比當時普便使用的煤氣燈高，也比較乾淨和安全，在電燈被發明並普及前，石油在很長一段期間是主要的照明用燃料，也就是作煤油燈的燃料。1859年德雷克(Edward Drake，圖2.1)在美國賓州Titusville使用以小型蒸氣引擎為動力的鑽探機來鑽探，在七十一英尺深處發現了世界上的第一口油井，隨即蘇俄的巴庫(Baku)也發現有大量石油，因著照明的需求，一時探油業成了一個新興熱門行業，直到愛迪生發明電燈取代先前的照明工具為止。然而因著當時開採方法的限制和對石油形成原因認識的不足，以及全球對石油需求量的有限，當時全球的石油的生產量每年不過幾百萬桶。

十九世紀下半業煤油燈用油的需求，刺激了第一波石油探油狂熱，早期對地下石油儲藏的判定多半藉著地表發現油氣的露頭(圖2.2)，它們可能以不同的面貌顯示，例如地表滲出石油、瀝青或水中斷續的氣泡冒出等。這些都是早期發現石油的方法，等到地表油氣露頭都已逐漸被發現，繼之地下油氣蘊藏

圖2.1：1859年德雷克(圖右者)在美國賓州Titusville發現世界第一口油井

圖2.2：石油滲出地表一景

的發現就非常需要依賴昂貴的地球物理及地球化學探勘與詳盡的地質調查了，我們將在第三章再來談談有關探勘的細節。

19世紀下半內燃機的發明及20世紀初大量的被使用，刺激了第二波探油的狂熱。1903年起亨利福特(Henry Ford)發展國民車概念，先後陸續推出了A型車、N型車、T型車(圖2.3)等，使汽車的價格為一般國民所負擔得起。此外，1903年萊特兄弟（Orville and Wilbur Wright）製造了第一部滑翔機，飛機經快速的發展並應用於第一次世界大戰，加上1901年德州的Spindletop大型油井的被發現，使石油工業爆發性的發展起來，廉價石油和天然氣的使用貫穿了整個二十世紀，一部工業進步史可說就是一部能源發展史，石油的使用帶進了二十世紀物質文明高度發展。

圖2.3：1913福特公司推出的T型車

然而現今這個高度倚賴石油與天然氣的能源趨勢已遇到瓶頸，因全球大多數油田將在30-50年內告竭。近幾年油價每年都以高幅度增漲，2008年甚至突破每桶147美元，雖然隨即因著金融風暴造成的經濟衰退使油價又大幅下跌，但因為全球石油生產已接近或過了產量高峰期，未來一旦景氣復甦，因石油供不敷需求油價將再度大幅上漲，屆時能源危機問題將比以往更加嚴重。

台灣本島石油與天然氣產量很少，苗栗公館鄉出礦坑處日人曾開採了第一口井(西元1813年)，並陸續鑽探了99口油井，為此中國石油公司探勘總處在出礦坑建立了紀念館(圖2.4)。此外雲林縣的台西也曾發現少量石油，出礦坑、通霄鎮鐵砧山與桃園縣觀音鄉外海都曾發現天然氣並已經被開採使用。中國

圖2.4：中油公司出礦坑紀念館

石油公司過去幾十年來，對台灣本島與近海海域都做了詳盡的地質調查與油氣探勘，但都未發現具較大規模或發展潛力的油氣田，因此整體說來台灣能源資源貧乏，除了水力資源與天然氣資源外，能源幾乎全部依賴進口，佔總能源使用的98.1% (2006)。

2.2 石油與天然氣的起源

石油與天然氣中的碳氫化合物來自海洋或大湖中浮游生物的遺骸(圖2.5)，這些有機物質遺骸在海盆或湖底與泥一同沉積，因快速的掩埋過程有機物質遺骸未及完全氧化及分解。當沉積加厚，這些有機物質開始產生變化，沉積物中的壓力與其

圖2.5：石油與天然氣主要來自海洋或大湖中浮游生物的遺骸

上覆蓋沉積物或岩石重量有關，溫度亦因深度增加而升高，經過長時間所發生的化學反應，將大的複雜的有機分子，轉換為簡單的小的碳氫化合物分子。這是石油與天然氣起源的一個簡單概念，今詳述於下。

1. 油氣有機與無機成因

綜合以上所述，植物和藻類藉著光合作用從大氣或水中吸取二氧化碳，並把它轉換成細胞的有機物分子，它們部分被動物體吸收，使這些生物體構成食物鏈的一部分，光合作用反應式如下：

$$6CO_2 + 12H_2O = C_6H_{12}O_6 + 6H_2O + 6O_2$$

當這些生物體死亡，它們或者分解成二氧化碳和水回到大氣，或者被掩埋。如果環境條件合宜，這些被埋葬的生物遺體可能轉換成碳氫化合物，同樣的這些碳氫化合物經過燃燒也釋放出二氧化碳和水而回到大氣中。此外有些大氣中的二氧化碳溶解在海水中，它們或被海洋生物吸收最終沉積或經化學沉澱形成碳酸鹽類沉積岩，如石灰石和白雲石等。以上所述構成了碳的有機循環，是自然界碳循環(圖2.6)的一部。

有一些石油地質學家也提出過石油與天然氣為無機物質成因學說，因為在隕石中曾發現少量的碳氫化合物，在太陽系的外行星如木星和土星等都發現甲烷(CH_4，天然氣的主要成分)的存在，在火山爆發噴出的氣體中也有少量的甲烷存在，甲烷是最簡單的碳氫化合物結構，所以自然界的確存在碳氫化合物的無機來源。然而實際上從火成岩開採的石油與天然氣非常稀少，一般多發現於沉積岩被火成岩侵入或不整合中，例如油氣可生成於火成岩中的岩脈(dykes)、裂縫(fractures)或孔隙(solution pors)中，它們的產量都極其有限。

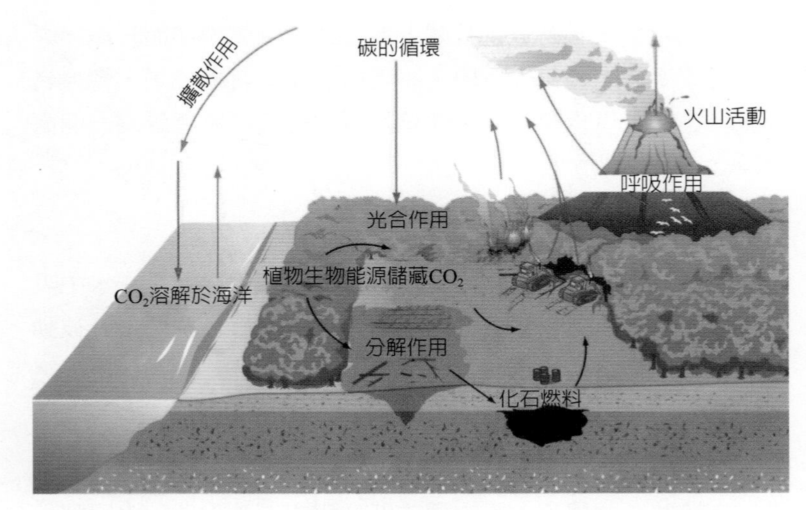

圖2.6：自然界碳的循環

2. 油氣有機成因的證據

大多數科學的證據似乎都支持石油與天然氣的有機來源，即它們源於埋在沉積物裡腐爛的有機質。這些證據例如世界上百分之九十以上的石油與天然氣都產自沉積岩，它們在沉積岩的發現和富集程度與地史上生物的發育和興衰相關，並且在油氣田剖面中，含油氣層位總與富含有機質的層位有依存關係。另外在石油中檢測出一些化合物例如卟啉(porphyrin)，血紅素是含鐵卟啉化合物，葉綠素是含鎂的卟啉化合物，這些化合物含有僅生物體所特有的碳骨架，被有機地球化學家稱為生物標記(biomarkers)化合物。現代化的測試分析技術更可從現代和古代沉積物中鑑定各種油氣中的烴類，例如從氣–液相色譜儀(gas-liquid chromatography，圖2.7)分析出石油的成分，它們與生油岩(source rock)成分一致，換言之生油岩很可能就是產生天然氣和石油的母岩。

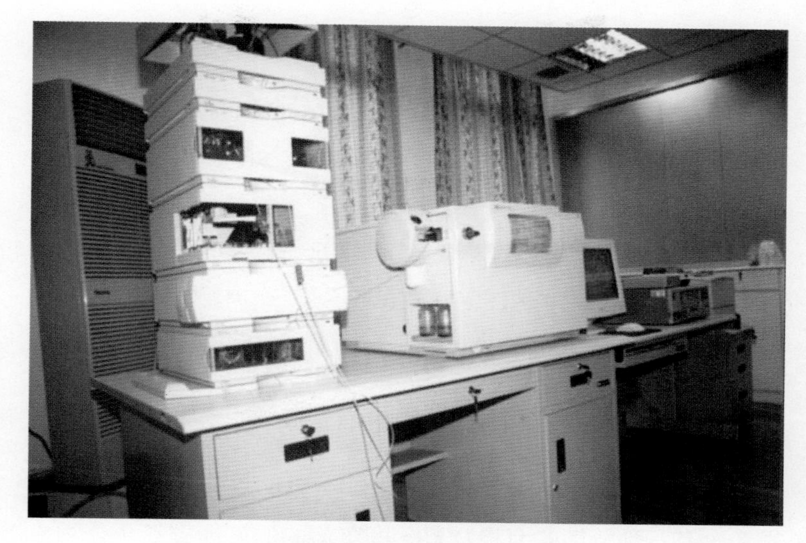

圖2.7：液相色譜／質譜聯用分析儀

3. 有機質沉積物的形成

(1) 生成油氣的物質基礎

形成石油的第一步，是豐富的有機質沉積物，這些有機質沉積物來自生物體內物質包括脂類、碳水化合物、蛋白質、木質素等，這些物質在生物體死亡後被快速的掩埋並沉積在一個低能量並缺氧的環境，可能是淺海、湖泊或三角洲等封閉的沉積環境，因為沒有受到底部海流的破壞而被完全保留下來(圖2.8)。雖然生物體死亡後之遺體，經化學分解和細菌分解大部分被破壞，真正進入沉積物得以保存的比例很低(0.01%-10%)，但水體中生物數量龐大，這些有機質經年累月的累積總量仍然可觀。

(2) 沉積有機質中的油母質(kerogen)

生物物質是產生石油的原始材料，但生物物質與石油在化學成分上非常不同，因此它們必然要經歷一個複雜的化學變

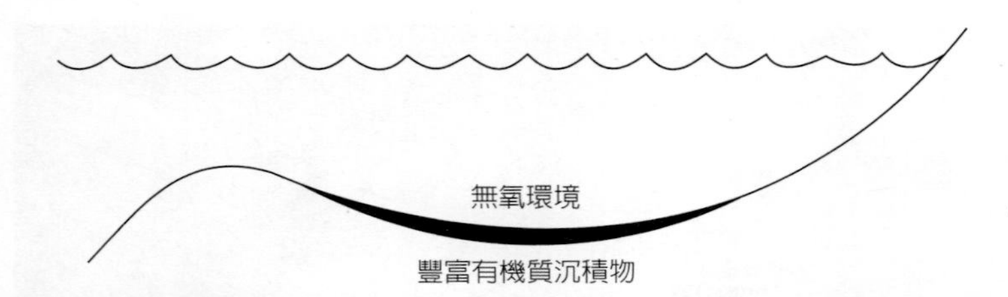

圖2.8：形成石油的第一步，豐富的有機質沉積物在一個缺氧的環境中，被完全保留下來

化，在這個過程中，生物的有機質部分被保存稱為沉積有機質，沉積有機質經過腐泥化或腐殖化，形成了一種不溶於一般有機溶劑的分散(disseminated)有機質，稱為油母質，或稱乾酪根(音譯)，它是形成石油的先驅。幾乎所有的頁岩或碳酸鹽岩都含有三種分散的有機物質，即可溶的的液態碳氫化合物、可溶的瀝青及不可溶的油母質。油母質是沉積有機質的主體，是有機碳存在的最重要的形式，約佔全部分散有機質總量的80%-90%，由C、H、O和少量S、N組成，它是複雜的高分子聚合物，但沒有固定的分子式和結構模型。

(3) 油母質的類型

油母質根據元素分析，可將其分為三種基本類型(表2.1)，代表著岩石中三種不同的分散有機質類型，它們分別代表三種不同來源的有機質，其性質和生油潛力各不相同，今略述於下：

表2.1：油母質的化學組成

	重量百分比					比例		型態
	C	H	O	N	S	H-C	O-C	
I 型藻質型	75.9	8.84	7.66	1.97	2.7	1.65	0.06	石油
II 型腐泥型	77.8	6.8	10.5	2.15	2.7	1.28	0.1	石油與天然氣
III 型腐殖型	82.6	4.6		2.1	0.1	0.84	0.13	天然氣

圖片來源：Richard C. Selley, Elements of Petroleum Geology, Academic Press 2nd Ed.

I型油母質：又稱藻質型(algal)，主要來自藻類沉積物，成分直鏈烷烴多，多環芳烴及含氧官能團很少，氫氧比例較其他兩型為高(1.2–1.7)，氫碳比例為1.65(表2.1)。有機質以含脂質(Lipid)化合物為主，與許多油頁岩、生油岩性質相近，生油潛能較高，主要產物是油，其基本結構見於圖2.9。

Ⅱ型油母質：又稱腐泥型(liptinitic)，有機質主要來源於海水中動植物浮游生物和部分藻類沉積物。含中等長度直鏈烷烴和環烷烴較多，也含多環芳香烴及雜原子官能團。如同Ⅰ型，Ⅱ型油母質也富於脂肪化合物(aliphatic compounds)，氫含量較高，但較Ⅰ型略低，氫碳比例為1.28(表2.1)，生油潛能中等，產物是油與氣，其基本結構見於圖2.9。

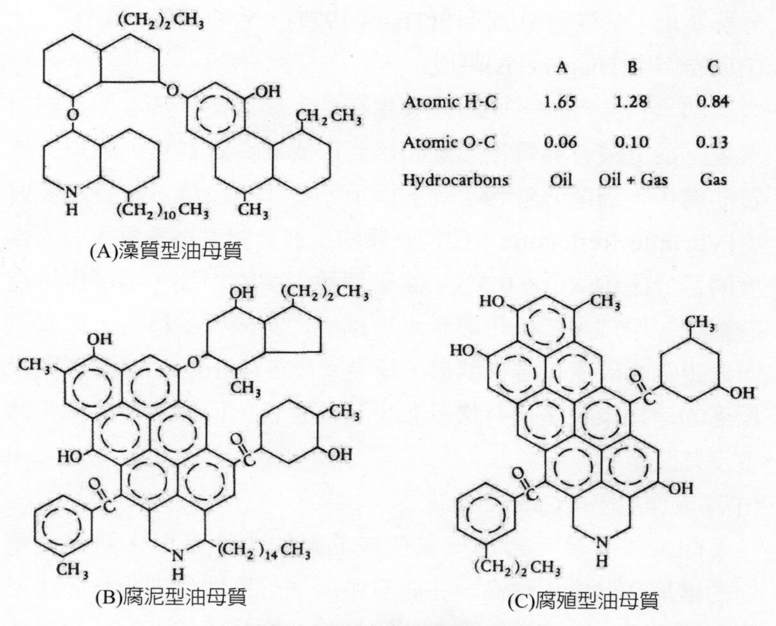

圖2.9：三種類型油母質的基本結構

圖片來源：Richard C. Selley, Elements of Petroleum Geology, Academic Press 2nd Ed.

Ⅲ型油母質：又稱腐殖型(humic)，成分的氫碳比較其他兩型為低(≦0.84)，以含多環芳香烴及含氧官能團為主，飽和烴很少，來源於陸地高等植物，Ⅲ型油母質主要產物是氣，生油潛能很低，並且也可能產生煤，其基本結構見於圖2.9。

以上所述為油母質的三種基本類型，其他尚有Ⅳ型或稱殘餘型油母質，具異常低的原始H/C原子比，比值低至0.5-0.6，生油或氣潛能均很低。分辨有機質屬於那型油母質，非常有助於我們分析生油岩的產油傾向。

4. 沉積有機質的成烴演化

(1)有機質成烴演化階段與油氣生成

有機質從死亡沉積被埋藏開始到生成油氣，最終到完全被分解為止，共經過幾個階段(Tissot 1977)，今略述於下：

(i)成岩作用(Diagenesis)階段

即未成熟階段，此階段發生在地下淺層接近常溫和常壓力環境，從沉積有機質被埋藏開始到形成油母質為止，經過有機質的腐化，細菌分解和水解，以及一些無機反應，鏡質體反射率(Vitrinite Reflection，即鏡質體的反射光強度對垂直入射光強度的百分比)值Ro < 0.5%。隨著埋藏深度的增加，細菌作用趨於終止，甲烷，二氧化碳和水，逐漸從有機質中釋出，只剩下一個複雜的碳氫化合物結構，稱為油母質(kerogen)。這個階段反應的淨結果，是使有機質減少其氧含量，而氫：碳比率大體上沒有改變。

(ii)深成作用階段Catagenesis

即成熟階段，為油母質生成油氣的主要階段。隨著沉積物的增加和溫度的增高，在岩石中的油母質開始被分解，使得原在油母頁岩中龐大而複雜的碳氫化合物分子逐漸被分解成較短鏈的碳氫化合物分子，這一過程稱為成熟，其最初階段的生成物是油以後是氣，氫：碳比率下降，氧：碳比率沒有太大變化，Ro為0.5%-2.0%。

(iii)準變質作用階段Metagenesis

即過成熟階段，此時因埋藏深度增高的溫度和壓力使沉積物瀕臨變質，由於在成熟階段油母質上的較長烷基鏈消耗殆盡，只能在熱裂解作用下生成高溫甲烷，而先前生成的油氣也裂解為較穩定的甲烷。油母質在釋出甲烷後其本身將進一步縮聚為富碳的殘餘物，其氫：碳比率下降最終成為全為碳的石墨構造，孔隙率和滲透率都很小，Ro > 2.0%。

上述有機質從成岩作用階段到準變質作用階段的演化可見於圖2.10。

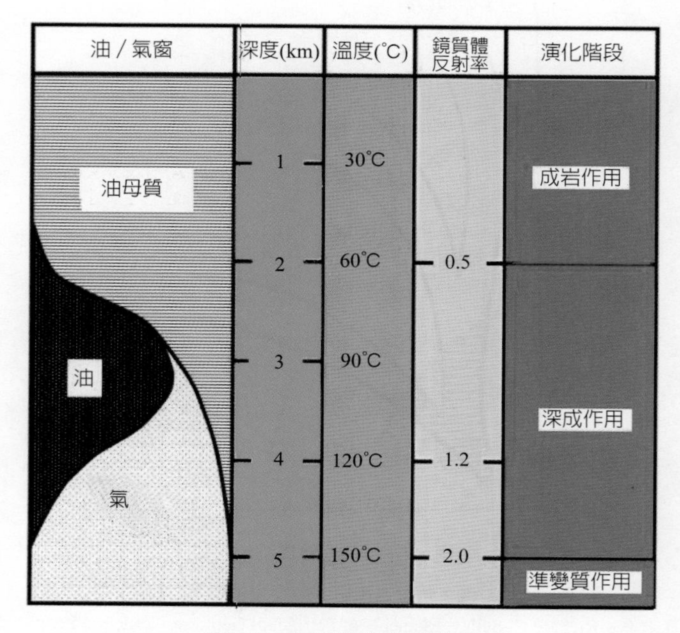

圖2.10：有機質成烴演化階段

(2)油母質的演化

油母質的成烴演化階段如圖2.11。由圖2.11可知，油母質的元素組成在不同的演化和成熟階段其變化趨勢是不同的。而不同類型的Ⅰ、Ⅱ、Ⅲ型油母質演化途徑也不同。但所有油母質的主要演化階段和總趨勢是相同的。圖中標示油母質經過成岩作用階段、深成作用階段(生成石油)到準變質作用階段(生成天然氣)、至終成為全碳的石墨構造。

上述有機質成烴演化過程說明一個非常重要的概念，即碳氫化合物會隨著年代久遠，因熱和溫度而逐漸分解，首先分解為較大型分子(「重的」碳氫化合物)；隨後分解為較小型分子(「輕的」碳氫化合物)；也就是說油母質受到長時間高溫產生分

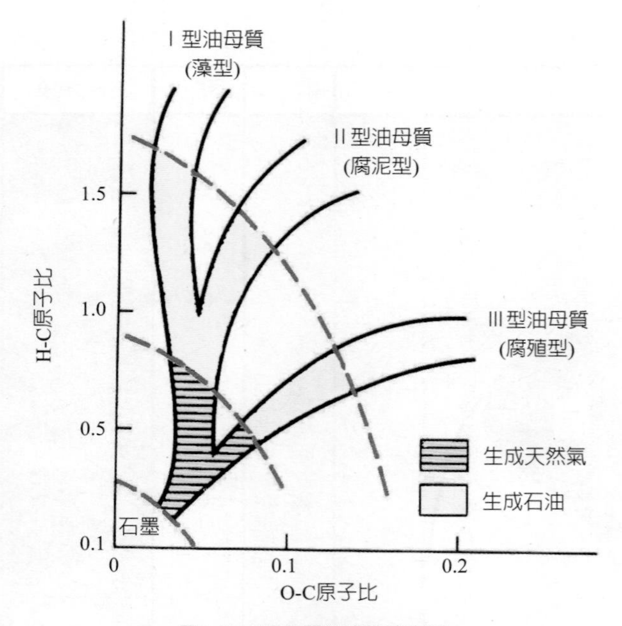

圖2.11：油母質的成烴演化圖

圖片來源：Richard C. Selley, Elements of Petroleum Geology, Academic Press 2nd Ed.

解，經過深成作用和準變質作用，逐漸分解成為較小分子，按各階段分別產生石油、天然氣和石墨(圖2.11)，這個過程稱為碳氫化合物的「成熟」(maturation)。

有一些石油地質學家試圖發現石油與天然氣的生成與溫度的關係，得到一個經驗上的規律性，即大多數的石油均生成於溫度150℉(65℃)至300℉(150℃)之間，我們稱這個溫度區間為「油窗」(oil window)(圖2.12)，約在深度7000英尺(2.1公里)至18,000英尺(約5.5公里)處，當溫度達到150℉時即開始生成石油，溫度超過300℉以上則多分解為天然氣。而天然氣則生成於溫度250℉(120℃)至440℉(225℃)之間，我們稱其溫度區間為「氣窗」(gas window)。當然以上數字是一個大略概念，油窗與氣窗在各的地的實際深度，因各地地溫梯度(thermal gradient)不同將有所差異。

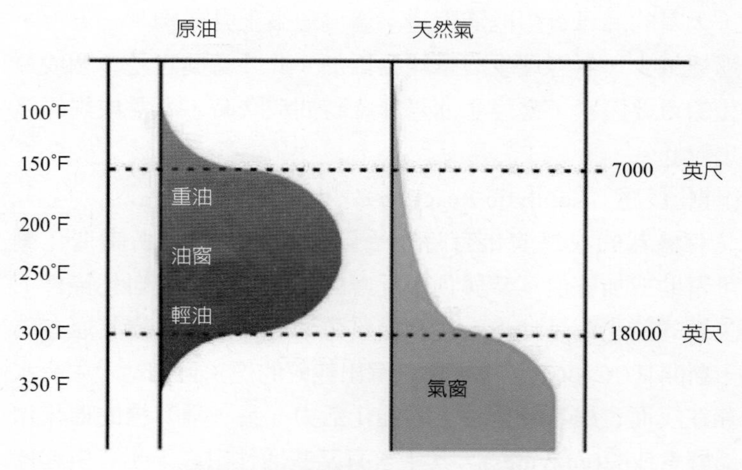

圖2.12：油窗與氣窗所在的溫度與深度關係

(3)促使沉積有機質成烴演化的因素

沉積有機質的演化成烴受到細菌及地球內部物理化學作用，今將其受到的作用略述於下：

(i)細菌作用〈Bacterial Action〉

細菌對有機質的成岩作用和石油及天然氣的生成起重大作用，主要作用是將原始的有機質中的O、S、N、P等元素分離出來，使C、H特別是H富集起來。細菌按其生活習性可分為好氧性細菌(aerobic bacteria)、厭氧性細菌(anaerobic bacteria)和兼性細菌(facultative bacteria)三類。細菌一般作用於成岩作用的早期、中期。

(ii)溫度和時間

溫度是油母質的成烴演化最重要因素。在前圖2.12「油窗與氣窗所在的溫度與深度關係」中可見，在溫度較低時，沉積有機質只有少量的油母質生成液態烴；但當達到一定溫度(深度)時，大量的油母質生成液態烴；溫度繼續上升超過某一溫度，液態烴減少，氣態烴生成量開始增加。此外時間也是一個成烴演化的重要因素，當烴生油岩形成時間較久時，所需成烴的溫度也較低。

(iii)催化反應〈Catalytic Reaction〉

有機質的成烴演化有時也受到催化劑影響，所謂催化劑是可幫助或加速但不參與化學反應的一些物質，在自然條件下最主要的催化劑是粘土，在有機質生油過程中可改變其原有結構，斷開其CC和CH鍵，從而分解出較輕的烴；但如粘土中有水的存在反而會嚴重降低粘土的催化活力。另一種有機的催化劑稱為酵素或酶(enzymes)，其中含有某些活性組成，也可引起催化作用。

(iv)放射性轟擊〈Radioactive Bombardment〉

用α射線轟擊某些有機質可得甲烷、二氧化碳和氫，轟擊水可得到氧和氫。氧與有機質作用會生成二氧化碳，氫可使有機質氫化或與二氧化碳化合成甲烷，甲烷在放射線作用下亦可合成乙烷或其它烷烴類。然而因為在沉積物中放射性元素含量很低，由放射性作用所生成的石油數量有限，但放射性元素使地溫升高將有利於有機質的熱演化。

(v)壓力

壓力對油母質成烴作用的影響，遠不及溫度。隨著時間演變，高壓反而阻礙有機質的成熟和成烴作用。

5. 生油岩(source rock)

(1)生油岩的評估

生油岩又稱母岩或烴源岩，在石油地質學中生油岩是指已經生產或可能生產碳氫化合物的岩石，主要是指含有機質的暗色泥質岩和碳酸鹽岩沉積，它們構成了一個形成油氣系統的必要元素。前述當豐富的沉積有機質，在一個低能量並缺氧的環境下沉積，經過成岩作用(壓實、膠結、再結晶)後就構成了生油岩。油頁岩（Oil shale）也可被看作一種尚未成熟的生油岩，其中很少油質被排出。

生油岩中有機質是油氣生成的物質基礎，藉著評估生油岩中有機質的數量、有機質的類型和有機質的成熟度， 我們得以評估生油岩可能產生油氣的優劣，一般最有利的生油岩所形成的沉積環境是淺海、三角洲或深水湖相。

(2)生油岩的類型

生油岩可根據油母質的種類分為三類，它們支配了所要產生碳氫化合物的種類：

第一類型生油岩：由藻類在缺氧條件所形成，可能來自湖泊或流通受限的海洋環境，它們主要產生石油。

第二類型生油岩：由陸相的植物沉積形成，產生石油和天然氣。

第三類型生油岩：由陸相的植物沉積形成，並經細菌分解，主要產生天然氣。

2.3 儲油層流體─石油、天然氣、水

儲油層中有原油、氣體與水三種流體，因比重之不同分別以氣、油與水不同層次排列，典型儲油層中，油、氣、水分佈的結構剖面如圖2.13所示，以下是儲油層流體成分與性質的一個概述。

1. 石油的成分與性質

(1)石油的化學性質

石油的概念：石油(或稱原油)是以液態形式存在於地下岩石孔隙中的各種碳氫化合物與少量雜質的混合物，是一種可燃

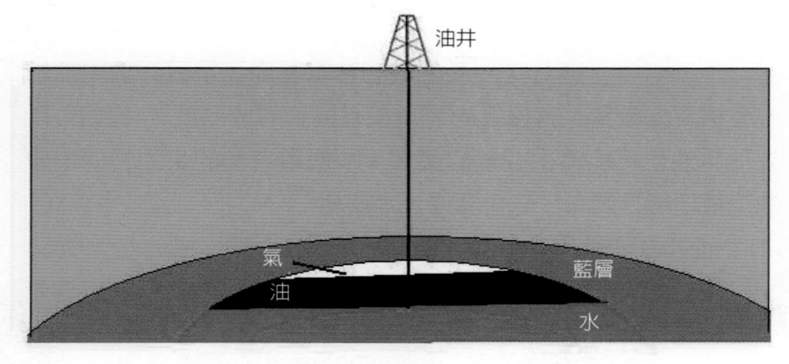

圖2.13：典型儲油層中油，氣，水分佈的結構剖面

有機礦物。

(i)石油的元素組成

石油的基本組成元素是碳、氫，其次是氧、氮、硫，並含有幾十種微量元素。

(ii)石油的烴類組成

碳和氫兩種主要元素組成各種碳氫化合物存在於石油中。按本身結構的不同可分為烷烴、環烷烴、芳香烴三類。

(a)烷烴(Paraffin Series)：是飽合碳氫化合物，一般分子式為C_nH_{2n+2}，它是自然界中最常出現型態，烷烴分子結構的特點是碳原子與碳原子都以單鍵的C—C相連，排列成直鏈式。無支鏈者為正烷烴，如正戊烷(圖2.14)；有支鏈者為異烷烴，如類異戊間二烯烷(圖2.15)。烷類碳氫化合物可呈固態、液態或氣態，戊烷(C_5H_{12})以下在常溫下均為氣態，在戊烷(C_5H_{12})與$C_{15}H_{32}$間均成液狀，是原油主要成份，$C_{16}H_{34}$以上長鏈則為固態的石蠟。

(b)環烷烴(Naph Series或Cycloparaffine Series)：性質與烷烴相似，但在分子中含有碳環結構的飽和烴。它們由許多圍成環的多個次甲基(—甲基—)組成，分子式為C_nH_{2n}，其中尤以環戊烷(Cyclopentane，圖2.16)和環己烷(圖2.17)及其衍生物是石油的主要組成。

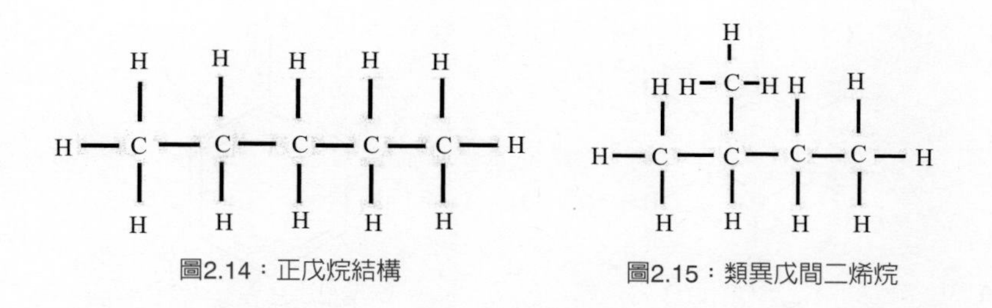

圖2.14：正戊烷結構　　圖2.15：類異戊間二烯烷

(c)芳香烴(Aromatic Series 或Benzene Series)：

指具有六個碳原子和六個氫原子組成的特殊碳環-苯環的化合物，其特徵是分子中含有苯環結構，屬不飽和烴。石油中已鑑定出的芳香烴的基本類型有：苯、萘、蒽和菲等。其中以苯(Benzne，圖2.18)、萘、菲三種化合物含量最多。每個類型的主要組分常常不是母體，而是烷基衍生物，如C_nH_{2n-6}型的主要組分不是苯，常是甲苯(toluene，圖2.19)。

(d)含硫、氮、氧化合物：石油所含的非烴化合物數量不少，主要包括含硫、含氧及含氮的化合物及瀝青，它們對石油的質量好壞和煉製加工非常有影響。

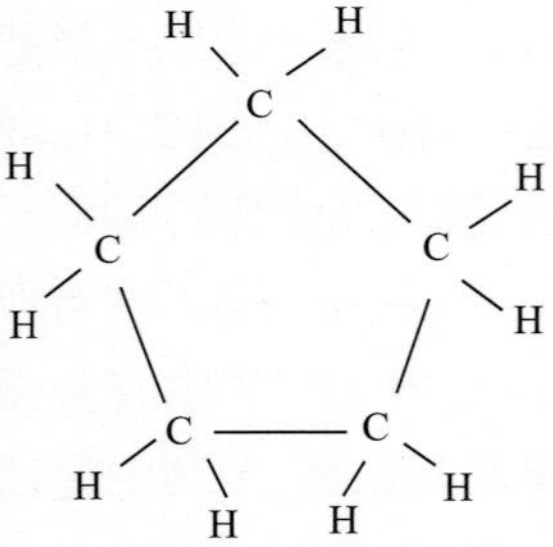

圖2.16：環戊烷

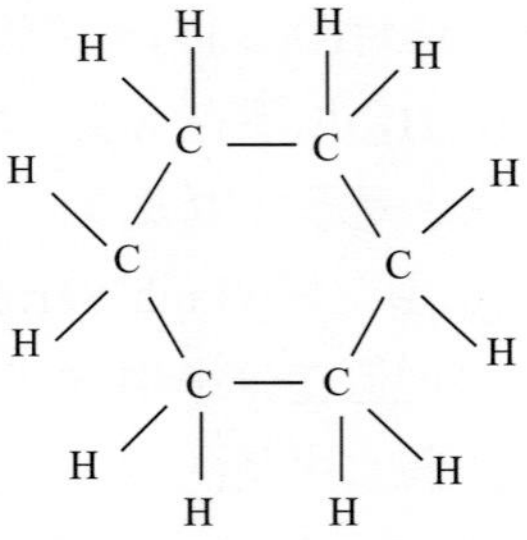

圖2.17：環己烷

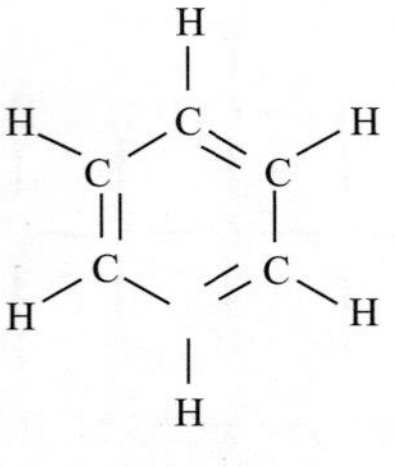

圖2.18：苯

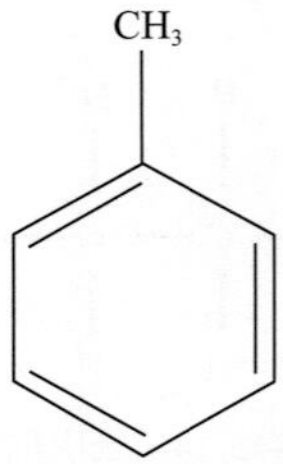

圖2.19：甲苯

(2)石油的物理性質

(i)顏色：通常石油以稻草黃、綠、黃褐、深褐色甚至黑色出現，顏色變化的範圍很廣，隨其組成而有差異。

(ii)密度：石油密度比水小，多在0.75 g/cm^3至0.93 g/cm^3之間，石油的密度決定於其化學組成，通常顏色越淡密度越小。常用以°API來表示石油的密度，它們與密度存在下列關係：

°API =〔141.5/(60°F油的比重／60°F水的比重)〕－131.4

由上式可知API度是一種相對密度，API度越高，石油密度越低。低API 代表高密度、高粘度石油，高API代表低密度、低粘度石油。例如水的比重為10°API，API > 40°為輕油(比重 < 0.83)， API < 10°為重油(比重 > 1.0)。

(iii)粘度：石油粘度的範圍很廣，受到溫度、壓力和化學成分影響。隨溫度升高，石油粘度降低，所以地表的石油粘度比地下高，且較不易流動。壓力加大，粘度也增加。含高分子碳氫化合物多的石油，粘度較大；而石油中溶解氣量增加則使粘度降低。

(iv)沸點：碳氫化合物隨分子大小不同具有不同沸點， 藉其沸點之不同，可將原油分餾，將石油中的化學物質，逐漸分解。原油分餾的產品，有煤油、苯、汽油、石蠟、瀝青等，都是重要的原物料。此原油分餾過程，是石油提煉的重要手續，稱為石油裂解(Cracking)，石油與天然氣的衍生物請見表2.2。原油分餾產品與其沸點關係見圖2.20(Hunt 1995)。

表2.2　從液態汽油與天然氣之衍生物

	物質	主要用途
較重碳氫化合物	石蠟	蠟燭
↑	重油	用於船體、發電廠與工業燃燒
	中等油	煤油、柴油與其他燃燒用油
↓	輕油	汽油、飛行用油
	「瓶裝氣體」(主要為丁烷，C_4H_{10})	家庭用
較輕碳氫化合物	天然氣(主要為甲烷，CH_4)	用於家庭／工業與發電廠

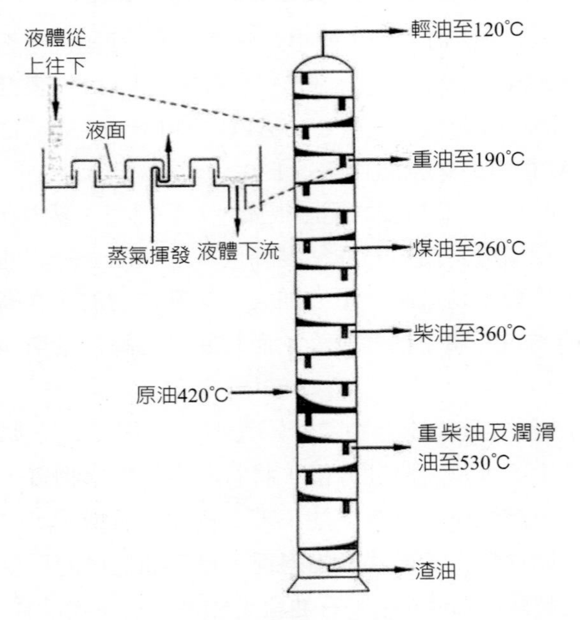

圖2.20：分餾塔與分餾產物

1. 天然氣的成分與性質

(1)天然氣的化學性質：天然氣的主要成分是烷烴系列，烷烴在戊烷(C_5H_{12})以下在常溫下為氣態，例如甲烷CH_4、乙烷C_2H_6、丙烷C_3H_8、丁烷C_4H_{10}，其中以甲烷為最主要也最常見的天然氣。除烷烴外尚有一些非烴氣體，例如氮氣(N_2)、二氧化碳(CO_2)、硫化氫(H_2S)、氫(H_2)、二氧化碳(CO)、汞(Hg)蒸氣及一些惰性氣體，但它們總含量均小於10%。

(2)天然氣的物理性質：天然氣的密度：在地表一般0.7-0.75kg/m^3；在地下可達150-250kg/m^3，天然氣的相對密度一般0.56-1.0之間。因此，它們通常比空氣要輕。烴類天然氣是優質的燃料，一般無色，具有硫化氫味或汽油味，可溶解於石油或水。

2.4 石油與天然氣的遷移(Migration)

當生油岩中有機質經過地下溫度壓力逐漸轉換成流體，它們會從生油岩中排出而進入相鄰可滲透的載運層(carrier bed)(圖2.21)，並在載運層中向上方、側方移動。如果沒有任何限制，它們會繼續不斷的移動直到地表滲出逸散為止。如果在移動路徑中遇到因地質的構造運動而造成的封閉(trap)時，它們將在封閉中聚集，形成所謂的儲油層(reservoir)。這個油氣不斷移動的過程，稱為石油與天然氣的遷移(migration)或運移，又可分段為初次遷移和二次遷移(圖2.21)。油氣遷移的途徑，可達數百公里，因著油氣的遷移，使在深處生成的輕油與天然氣也可以在淺處被發現。

1. 初次遷移(primary migration)

是指石油、天然氣生成後，隨即自生油岩排出，進入孔隙率及滲透率較高的載運層(carrier bed)的過程，此過程又稱排烴(Expulsion)，與生烴關係密切。

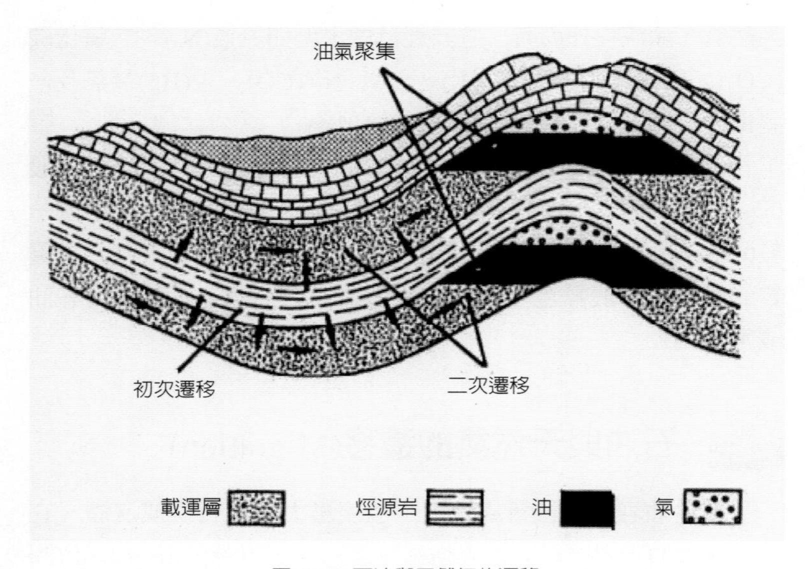

圖2.21：石油與天然氣的遷移

關於初次遷移存在一個矛盾問題，也是石油地質學裡最難解決的問題：大多數的生油岩多為暗色的泥質岩或頁岩，這類岩石的滲透率非常低。油氣如何能夠通過這些低滲透率的生油岩呢？上述問題亦即答覆下述幾個子問題(1)相態問題，油氣在初次遷移過程是以何種相態進行？(2)動力問題，油氣要從油母岩中排出，動力來源為何？(3)通道問題，油氣排出的通道為何？以下是一些研究所得結論。

(1)石油初次遷移時的相態可以水溶相(water-dissolving phase)或游離相(free phase；即單獨的油相或氣相)進行，一般認為石油的初次遷移以游離相為主，水溶相為輔；天然氣的初次遷移則以兩種方式皆可。

(2)促使油氣從生油岩中排運出來的動力主要包括壓實作用(compaction)，流體熱膨脹作用，粘土礦物脫水作用(Clay

Dehydration)，有機質生烴作用等等。

(3)泥質岩或頁岩的油氣初次遷移的通道有孔隙，微層理面和微裂縫等，碳酸鹽岩則可以在方解石的岩脈(vein)或裂縫(fracture)中進行。

所謂微裂縫(圖2.22)(Hunt, 1995)，是指當有機油母質大量轉變成流體時，形成異常高的孔隙壓力，而這種壓力超過烴源岩的強度時，就會在岩石中產生微裂縫(Microfracture)，使流體藉此排出，之後生油岩之微裂縫將再被擠壓而壓實。關於微裂縫排烴的可能油氣遷移方式，已在實驗室中被模擬證實。

2. 二次遷移(secondary migration)

油氣脫離生油岩進入載運層，沿著載運層直到封閉構造為止的一切運動統稱為二次遷移。它包括了油氣在載運層內部，及沿斷層面或不整合面所進行的遷移，簡述如下：

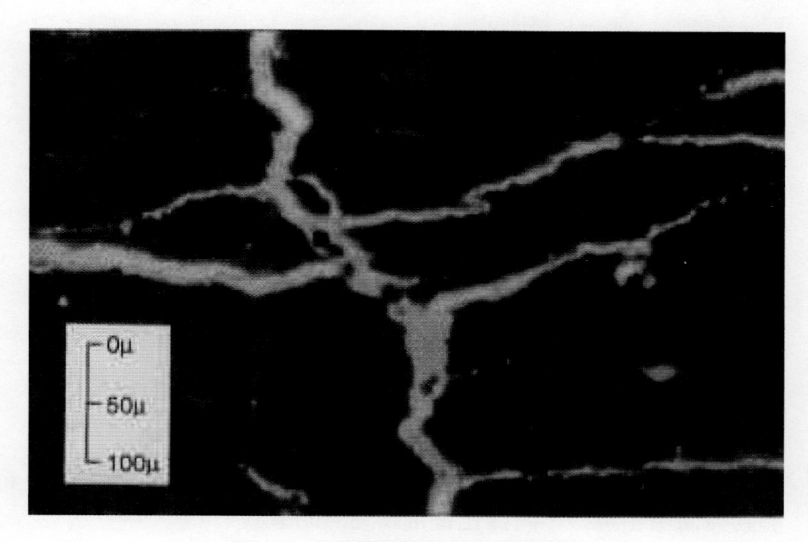

圖2.22：有機質豐富的頁岩中的微裂縫

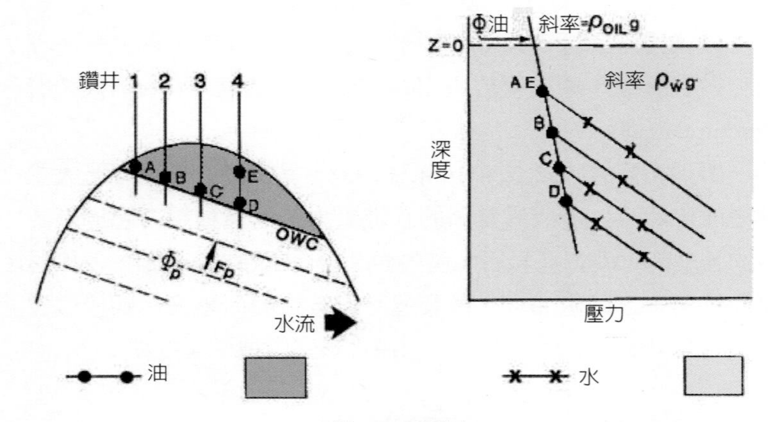

圖2.23：水動力

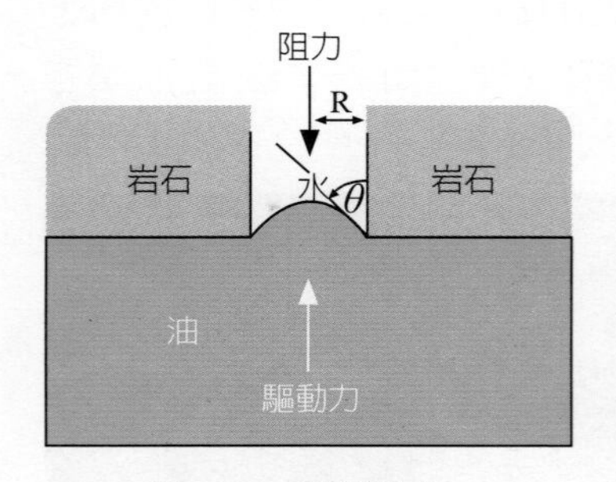

圖2.24：毛細管作用

(1)油氣的二次遷移主要是以游離相態進行(氣相或液相由壓力和溫度條件決定)；少數甲烷和短鏈的烴可以水溶相進行。

(2)二次遷移的主要動力包括：(i)油氣在水中的浮力(油氣比水輕)；(ii)水動力(Hydrodynamic flow)，載運層中的水如果是流動的，油氣將受到水動力影響；當水流方向與遷移方向一致時成為動力(圖2.23)，反之則成為阻力；(iii)毛細管壓力(Capillary pressure)在水中遷移的連續油(氣)體兩端的毛細管壓力差是二次遷移的阻力(圖2.24)。(iv)構造運動力，地殼運動如地震時，會使地層內的壓力產生變動，因而使地層內液體動盪而產生游移，同樣也會帶動油氣的運動。

(3)二次遷移的主要通道包括載運層內的孔隙，裂縫，斷層和不整合面等。

2.5 儲油層與蓋層

要成為一個有經濟效益有生產價值的油氣田，必須符合生油層、儲油層(reservoir)和蓋層(cap rocks)幾方面的條件。前面我們已經討論過生油層有機質成烴演化過程，現在我們來談談儲油層與蓋層。

1. 儲油層

儲油層，就是能夠儲存並能流通油、氣空間的岩層，要滿足上述條件，儲油層必須有良好的孔隙度與滲透性，勘探公司和石油公司所尋找的，便是具有良好孔隙度和滲透性的儲油層。有關儲油層孔隙度和滲透率及下節封閉構造的知識，對決定在何處鑽探並產量的估計攸關緊要。

2. 儲油層的物理性質

(1)孔隙度：

所謂孔隙度就是岩石中含有許多的空隙，而且這些空隙必需能夠互相溝通，這是儲集油氣必需的條件；圖2.25是偏光顯微鏡下所示儲油層岩石切片，在礦物顆粒之間可見存在著孔隙空間，油氣便是存在於此空間。

將上述孔隙度概念用公式表示如下：

$$孔隙度(\%)=\frac{全部孔隙體積}{岩石總體積}\times 100 \qquad (2.1)$$

一般儲油層發現石油其孔隙度約從7%至40%，Levorsen

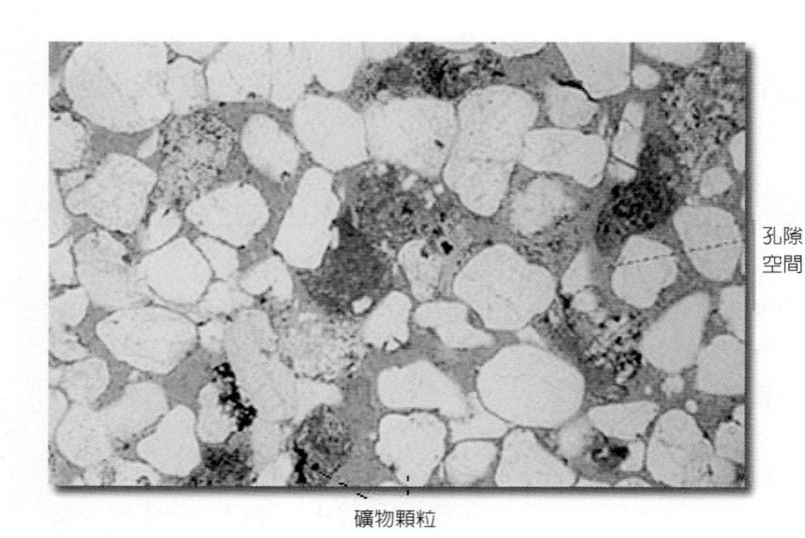

圖2.25：偏光顯微鏡下所示儲油層岩石切片

(1967)將岩石孔隙度與石油儲油層(oil reservoir)好壞作一評價，列於表2-3。

(2)滲透率：

要構成一個好的儲油層除具有良好的孔隙度還不夠，還需要有良好的滲透率，即岩石中的空隙必需能夠互相溝通，使油氣能夠通過(圖2.26)。

表2-3　岩石孔隙度與石油儲油層關係

孔隙度(%)	評價
0-5%	無價值
5-10%	差
10-15%	中等
15-20%	好
20-25%	很好

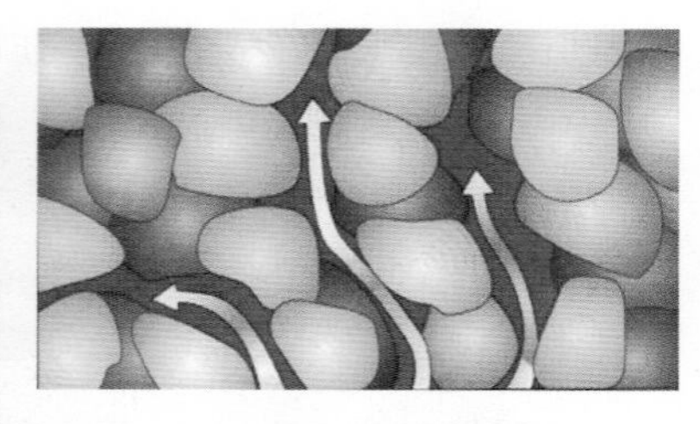

圖2.26：岩石中空隙需互相溝通，纔能使油氣通過

所謂滲透率是指在有壓力差的情況下，岩石能讓流體通過其連通孔隙的性能。一般砂岩、礫岩、裂縫石灰岩、白雲岩等，在地層壓力下流體能較快地通過其連通孔隙，稱為滲透性岩石。反之，泥頁岩、石膏、岩鹽、緻密石灰岩等，流體通過的速度慢而且數量有限，成為非滲透性岩石。

關於岩石的滲透性，法國人達西(H. Darcy)於1856年經過許多實驗得到一個簡單的定律，表明通過多孔介質孔隙之流量與岩石各項參數之間關係，其定律如下：

$$Q=\frac{K \cdot A \cdot \Delta P}{\mu \cdot L} \tag{2.2}$$

其中K為滲透率；Q為通過岩體的液體流量；ΔP為岩石樣本兩端的壓差；μ為液體的粘度，A和L是岩石樣本的截面積和長度。將上式整理得到滲透率K的公式如下：

$$K=\frac{Q \cdot \mu \cdot L}{A \cdot \Delta P} \tag{2.3}$$

滲透率的單位是達西(darcies 或ΔD)和毫達西(millidarcies或mD)，岩石的滲透率與石油儲油層關係可見於表2-4，天然氣流動性比石油高，所需滲透率又比表2-4中所列值低。

(3)孔隙率與滲透率關係：

儲集層的孔隙度與滲透率之間通常沒有嚴格的函數關係，因為影響它們的因素很多，但它們之間仍有一定的內在聯繫，因為岩石的孔隙度和滲透率一般皆取決於岩石本身的結構與組

表2-4　岩石滲透率與石油儲油層關係

滲透率(md)	評價
1-10md	差
10-100md	好
100-1000md	很好

成。對於碎屑岩儲油層，一般是有效孔隙度越大，其滲透率越高，滲透率隨有效孔隙度的增加而有規律地增加。圖2.27為250個砂岩樣本所作滲透率與孔隙度之間關係，大致可用指數形式表示，以最小平方差求可逼近於一直線(正比)關係。對於碳酸鹽岩來說，孔隙度與滲透率之間大致也成正比關係，唯裂縫性石灰岩的孔隙度與滲透率之間關係並不明顯。

2. 儲油層的類型

世界上大多數油氣藏的含油氣層都是自沉積岩層，其中又以碎屑岩和碳酸鹽岩最為重要，只有少數油氣儲集在其它岩類中。因此儲油層按岩石類型來分，可分為碎屑岩儲油層(主要是砂岩)、碳酸鹽岩儲油層和其它岩類儲油層三類。

碎屑岩儲油層的孔隙類型按其形成方式主要可分為原生

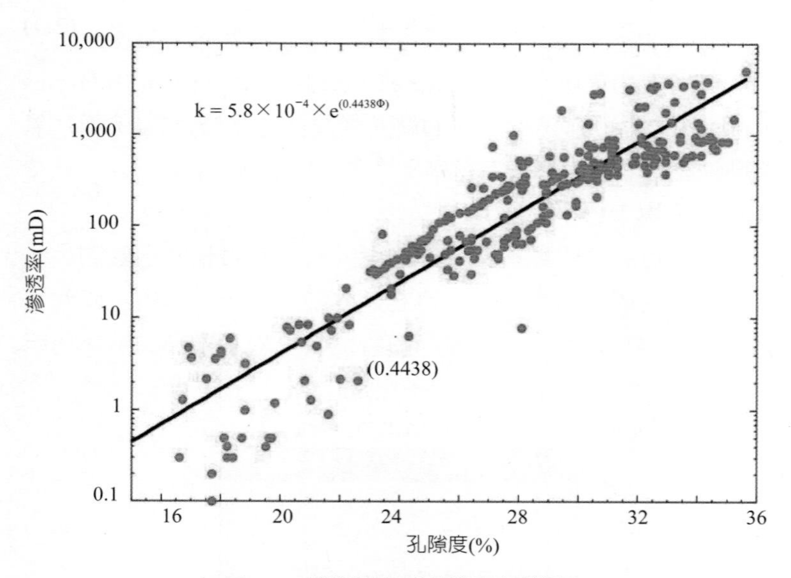

圖2.27：滲透率與有效孔隙度之間關係

孔隙(primary pores)與次生孔隙(secondary pores)兩大類(Selly, 1976)。碎屑岩的原生孔隙是指在沉積時期或在成岩過程中形成的孔隙，次生孔隙是在成岩過程後岩石再經過壓實、膠結、溶解等作用所造成孔隙，除此兩者外尚有少數裂縫孔隙(Fracture porosity)。

碳酸鹽岩孔隙根據它的形成時間及成因，亦可分為原生孔隙和次生孔隙兩大類及少數的裂縫孔隙。碳酸鹽岩的原生孔隙主要是指在沉積時期形成的與岩石組構有關的孔隙。次生孔隙是指在沉積後發生，受到成岩後生作用的壓實、溶解、重結晶及白雲石化等作用所造成的孔隙，如晶間孔隙、溶孔、溶洞等。

3. 蓋層

有了生油岩及儲集層，要形成油氣藏，儲集層上方還必需有一個岩層覆蓋，稱為蓋層，以阻止油氣向上逸散逃跑。通常蓋層最常見的是一些質地緻密、不透水的泥質岩層，如泥岩或頁岩等，此外尚有蒸發岩蓋層，如石膏、硬石膏、岩鹽等及少數的緻密石灰岩蓋層。蓋層的好壞及分佈，直接影響著油氣在儲油層中的聚集和保存，並決定了油氣系統的有效範圍，因此也是油氣系統的一個重要組成部分。

2.6 封閉構造(Traps)

1. 封閉構造的定義

封閉構造就是適合於油氣聚集，形成油氣藏的場所。Levorsen (1967)定義封閉構造是「油氣被限制繼續移動的場所」，石油與天然氣都被侷限於這樣的所在。封閉構造內起初聚集的全是水，但油氣經遷移流入其內逐漸取代部分水所佔空間，成為從上至下氣、油、水的結構。要成為封閉構造必須滿足三條件：儲油層、蓋層與阻止油氣向上或側方繼續遷移的遮擋物。前節我們已談過儲油層與蓋層，但這兩者之外還須要有因岩層發生摺皺、斷層、岩性變化等遮擋條件，才能完滿構成一個封閉構造。

2. 封閉構造的分類

油氣的封閉構造主要有構造封閉(Structural Traps)與地層封閉(Stratigraphic Traps)兩種主要類型，構造封閉是儲油層岩層經地殼變動(deformation)所形成的構造，例如背斜（Anticline）、斷層(Fault)等；地層封閉是儲油層岩層經沉積作用所形成的構造，例如不整合(unconformity)、河流(river channel)、堰洲島(barrier island)、地層尖滅(pinchout)、礁型封閉(reef)、成岩作用封閉(Diagenetic)等，除此之外尚有刺穿封閉(Diapir) 、水動力封閉(Hydrodynamic)與上述各種類型組合的組合封閉(Combination Traps)。

3. 構造封閉

構造封閉的產生，主要是來自於板塊的邊界經歷三種不同的作用力(圖2.28):(1)張力或拉力，作用於分離板塊邊緣(Divergent plate boundary)，形成正斷層(Normal Fault)與地塹(Graben)等；(2)擠壓或壓力，作用於聚合板塊邊緣(Convergent plate boundary)，形成摺皺(Fold)、逆斷層(Reverse Fault)、逆衝斷層(Thrust Fault)等；(3)平行作用力或剪力，形成轉形斷層(Transform Fault)。油氣的儲集既然與上述各種封閉構造有關，因此它與板塊的活動與所在板塊中的位置很有關聯。

(1)背斜（Anticline）：

地層受到擠壓而變形，發生如波浪狀的彎曲，稱為褶皺或褶曲(Fold)。褶皺如開口向上呈盆狀，便是向斜構造(Syncline)。

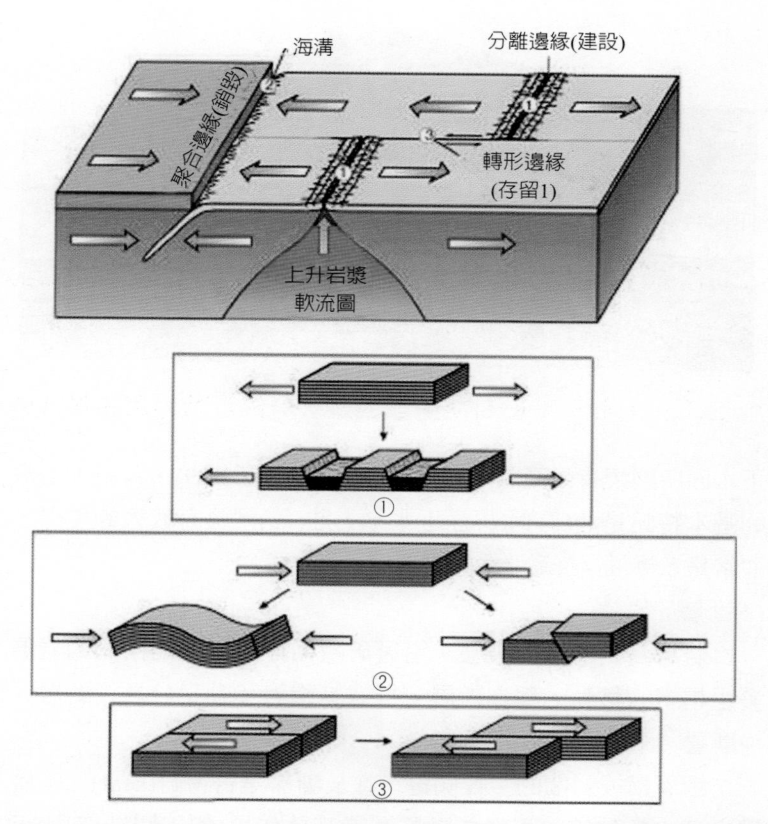

圖2.28：板塊邊界不同的作用力形成各種不同構造(1)張力形成正斷層與地塹(2)壓力形成摺皺或逆斷層(3)剪力形成轉形斷層

褶皺如開口向下形成饅頭狀頂部高、四周低的便是背斜構造(圖2.29)，褶皺因係地層受到板塊擠壓，故常與山脈(mountain chain)關聯。背斜是捕獲油氣最多的一種封閉構造，早期的石油探勘，都是尋找地下背斜構造。

背斜封閉(Fold Trap)具有開採價值的油氣部分便成為背斜油氣藏，其體積為背斜構造的頂部蓋層(通常是不滲透頁岩)與地

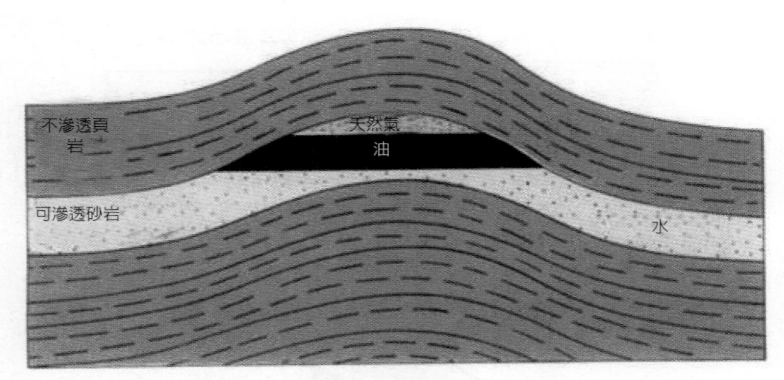

圖2.29：背斜封閉

下水面所圍繞有效孔隙空間(pore space)(如圖2.29)。背斜油氣藏的基本特點是油(氣)水界面近水平，油(氣)藏具有較大的規模，並常是多層油(氣)藏連通的生產層。

(2)斷層

岩層受到應力而破裂，沿著破裂面亦即斷層面兩側的岩層發生相對的移動，稱為斷層，根據其相對移動又分為正斷層、逆斷層、平移斷層三大類。

斷層構成封閉的主要關鍵，在於斷層是否密封(seal)。斷層帶本身由於破碎作用形成斷層泥或其他作用(如：膠結作用)可以成為不滲透層，在儲油層上傾方向，斷層帶便可阻止油氣逸散。然而單一的斷層帶極少構成封閉，一般仍須要配合蓋層，才能構成一個斷層封閉(Fault Trap)(圖2.30)。

4. 地層封閉

地層封閉是因沉積環境所造成的封閉構造，其封閉機制有的是因地層特徵如不整合，或因橫方向岩相變化造成的封閉，也有是因沉積岩從未膠結到膠結之成岩的變化，造成了封閉。

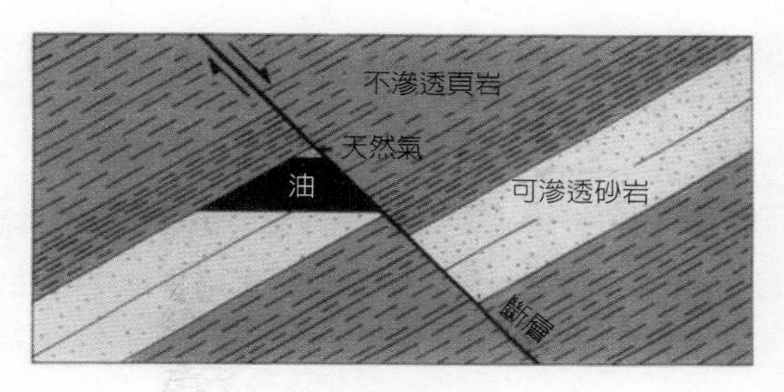

圖2.30：斷層封閉

以下簡介幾種常見的地層封閉：

(1)不整合封閉

不整合是將兩個不同地質時代岩層分開的一個侵蝕面，或是一個沉積不連續面或停止面，圖2.31為一交角不整合(Angular Unconformity)，說明兩個不同地質時代沉積先後次序，儲油層上傾方向不整合面為不滲透頁岩，與側方不滲透岩石形成一個不整合封閉(圖2.31)。

(2)礁型封閉

珊瑚礁具有高的孔隙率與滲透性，當其上方被不滲透層覆

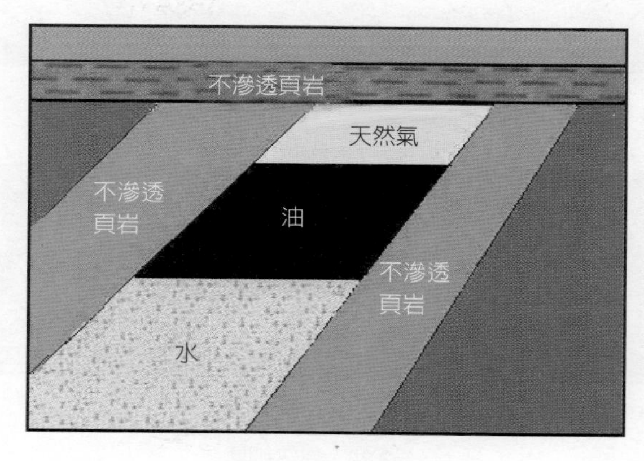

圖2.31：不整合封閉

蓋，便形成礁型封閉(圖2.32)。是一種特殊的岩性封閉。油(氣)藏的儲集層孔滲性能特別好，油氣藏儲量大、產量高。

(3)岩性封閉(Diagenetic Traps)

由於沉積環境改變，沉積物岩性發生變化，形成儲集層四周或上傾方向因岩性變化造成不滲透層遮擋，便是岩性封閉(圖2.33)。常見的有碳酸鹽岩儲油層，因受到沉積過程膠結、溶解

圖2.32：礁型封閉

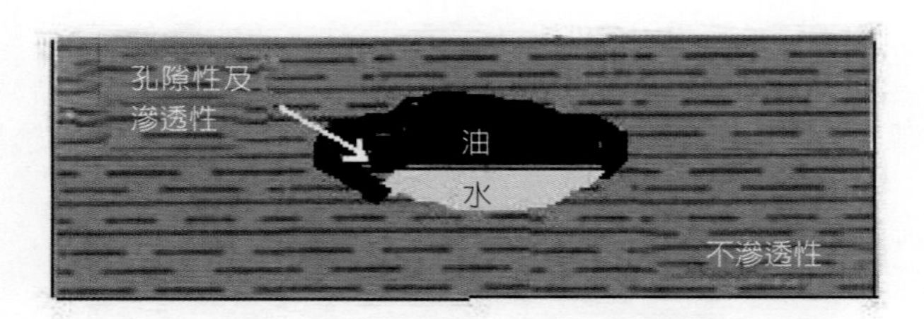

A

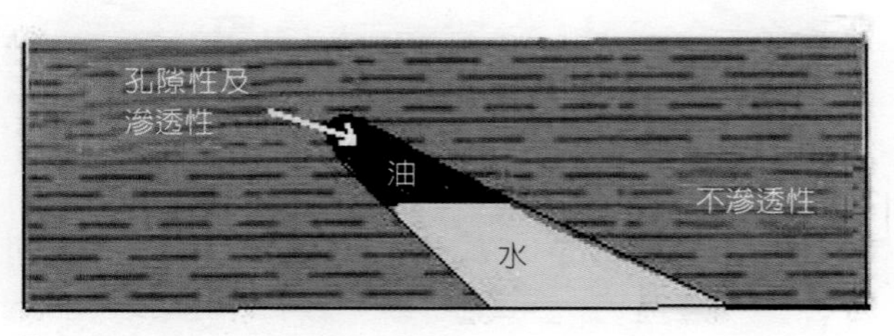

B

圖2.33：岩性封閉

作用和白雲石化(dolomitization)的影響，使儲集層橫方向產生岩性變化，構成一個封閉機制。

(4)沉積封閉(Sedimentological traps)

因沉積環境之不同所造成孤立多孔隙岩體被不滲透層包圍，便是沉積封閉，例如：因河流老化所形成的河曲沙洲(Point bar)、在河口處泥砂沖積造成的三角洲(delta)、沿岸流(longshore current)攜帶泥砂堆積所形成的堰洲島(barrier island)、以及潟湖內珊瑚礁等，都可能構成一種特殊的封閉構造，形成沉積封閉。

5. 刺穿封閉

低密度或低黏度的不滲透沉積物向上移動，刺穿覆蓋其上儲油層，形成刺穿體，在其兩側儲集層發生傾斜，所形成的封閉，便是刺穿封閉(圖2.34)，例如鹽岩刺穿、石膏刺穿、泥岩刺穿等，鹽丘(Salt Dome)、泥刺穿(Mud Diapir)都是可能的儲油構造，美國在墨西哥灣沿岸。鹽丘廣布，含有豐富的油氣資源，是全球重要的海洋石油產區。

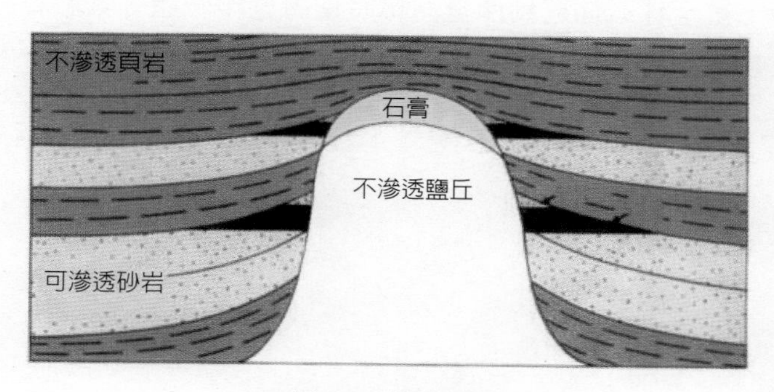

圖2.34：刺穿封閉

6. 其他

以上所列都是常見的油氣封閉構造，此外尚有水動力封閉與由各種不同封閉類型組合的組合封閉等，都是可能油氣藏場所，限於篇幅這裡不多敘述。

2.7 結論

綜合以上所述，油氣的成因多是有機的，因此要形成油氣藏必須滿足以下所有條件：(1)成熟的生油岩；(2)有良好孔隙度與滲透性的儲油層；(3)有效的封閉構造和蓋層，並且構築相當的體積；(4)從源頭到封閉構造的遷移路徑；(5)以上各項因素的配合；(6)合適的保存，避免油氣藏隨時間發生改變。以上這些條件在本章各節中都已詳盡的解釋。

因為油氣藏的形成必須符合以上所有條件，因此它的存在是非常有限的，而且油氣的形成至少須要1～2百萬年，一旦用盡將不能再補充，石油與天然氣因此被稱為非再生能源(Nonrenewable Energy Sources)。第四章中我們將談談石油產量高峰，當全球石油達到產量高峰時便將逐年減產，其影響將衝擊人類社會，第七章中我們將談談這些衝擊。

第二章問題

1. 人類使用石油始於何時？
2. 石油作為商業用途始於何時？
3. 證明石油與天然氣的成因是有機的。
4. 請解釋有機質成烴演化階段。
5. 石油與天然氣的生成與溫度有何關係？
6. 請解釋碳氫化合物的「成熟」過程。
7. 請說明石油與天然氣的烴類組成。
8. 請說明石油與天然氣的初次遷移與二次遷移。
9. 孔隙度與滲透率對儲油層的優劣有何重要性？
10. 蓋層對儲油有何重要性？
11. 要成為適合於油氣聚集的封閉構造必須具備那些條件？
12. 何謂地層封閉？
13. 綜合來說，要形成油氣藏必須滿足那些條件？

第3章

石油與天然氣的探堪與開採

3.1 前言

我們已經看完了石油與天然氣的形成與儲油層構造，本章我們要來談談有關石油與天然氣的探堪與開採。油井的探勘與開採是高風險、高技術、高成本和高報酬的商業經濟活動，也是一項龐大而複雜的系統工程，因此須要精細的探勘工作與正確的地質評估，以減少風險可能並確保投資報酬。以下是有關油氣探堪與開採工作的一些介紹，希望讀者藉著這些資料，能對石油與天然氣的探堪與開採建立一個完整的概念。

3.2 石油與天然氣的探堪

石油與天然氣的探堪涉及多種方法與技術，其探勘的方法包括(1)地表觀測；(2)地面地質探勘；(3)遙感探測；(4)測井與鑽井技術；(5)地球化學探勘；(6)地物理探勘：包括重力探勘、磁力探勘、地電阻探勘和震測勘探等等，各種探勘方式簡介如下：

I. 地表觀測

1. 地表油氣顯示(Surface Occurrences of petroleum)

早期探勘多是根據地表觀測，在野外實地勘查地表油氣徵兆，可說是最快速方式得知油氣蘊藏的可能，油氣顯示的原因是石油、天然氣及其石油瀝青礦物在地表常有天然露頭，可能由於地下油氣從岩石的節理、裂隙、層理或不整合面等遷移到地表(圖3.1)，產生地表油氣的滲出(Oil Seeps)，有時也在地表以含油或瀝青的岩石、泥火山、油頁岩等面貌顯示，因為這種地表油氣的顯示簡捷明瞭，所以探勘並不困難，許多大型的地下油氣藏在地表都有多處油氣的滲出。但地表沒有油氣露頭並不代表地下沒有油氣蘊藏；而地表發現油氣露頭也不表示地下有大量油氣蘊藏。在某些情況，表面油氣顯示反而說明地下油氣聚集體已遭到破壞，因此沒有開採價值。

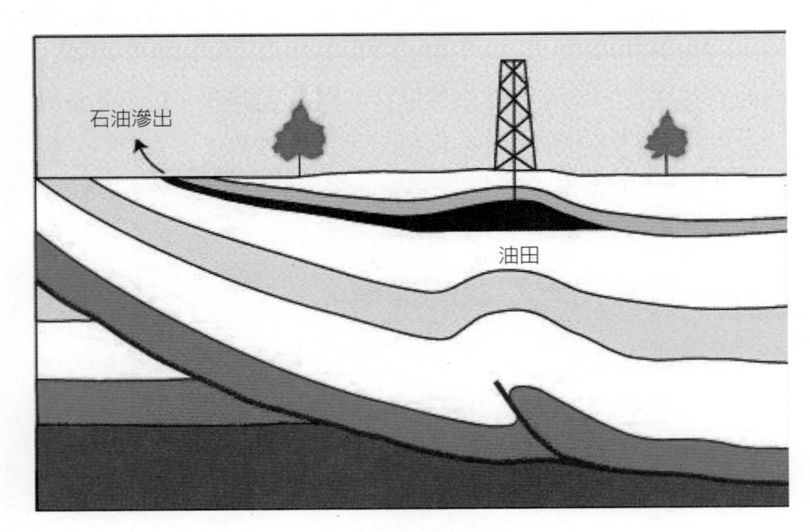

圖3.1：地表油氣顯示

圖3.2：水中冒出氣泡是油氣顯示的一種方式

2. 地表油氣顯示的類型

(1)油氣苗

油氣苗是石油或天然氣的地表天然露頭。油氣苗是最可靠、最直接的油氣顯示類型。油苗可能是從出露的油層中直接滲出，也可能是從地下油層中沿斷層面和不整合面等遷移到地面，有時以氣泡方式在水中斷斷續續冒出(圖3.2)。

(2)含油和瀝青岩石

石油滲出可能浸染岩石，主要是含油砂岩，這是因原來已在地層聚集的原油，經地殼運動暴露於地表，形成油浸岩石。有些地區在岩石孔隙中充填分散固態瀝青，形成含瀝青岩石，瀝青亦常以脈狀貫穿地表地層，形成瀝青脈(圖3.3)，瀝青脈的儲藏量如果達到經濟價值時，也可以進行開採。

圖3.3：瀝青脈

(3)泥火山 (Mud Volcanos)

泥火山(圖3.4)並非火山，而是一些小的泥丘，由泥漿與氣體同時噴出地面堆積而成，泥火山可能表示地下有油氣聚集體的存在，泥火山的氣體常是高壓可燃的天然氣，有時還伴有原油，但有時泥火山的氣體卻非烴氣，而是地下的沼氣(甲烷)，例如台灣南部台南、高雄及屏東縣境內常發現有泥火山，其成因便是沼氣造成。

(4)油礦物

油礦物是石油氧化或熱變質過程所衍生的一些有機礦物，例如地蠟、由氧化形成的各種瀝青及熱變質形成的碳瀝青，次石墨等等，它們都有助鑑定地下油氣的存在。

圖3.4：泥火山

II. 地面地質探勘

因為石油大部分集中於巨厚的海相沉積物中，所以石油探勘的最主要目標就是找尋廣大的沉積盆地，而對一個特定含油氣盆地進行普查和勘探的方法中，第一個要作的工作就是地面的地質調查(探勘)，通常都在盆地勘探的早期進行，因為地質探勘是所有探勘技術中最基本而重要的方法，也是最直接、最可靠和最經濟的方法。地質人員首先搜集研讀該地已有的調查或研究報告，然後詳盡的考察該沉積盆地的大地構造、地層分佈、沉積環境和生烴潛力等，最終地質人員將所得資料加以整理，繪製成地面地質圖及撰寫報告，地質圖包含了所有該區的地層、構造和地質史資料，是後續其餘探勘及鑽井的依據，圖3.5中地質人員正在從事地質探勘。

圖3.5：地質探勘

III. 遙感探測(Remote Sensing)

遙感探測是利用衛星或飛機所傳回來的遙測影像，經過電腦及人工的處理及判讀，進行大面積地面探勘及資源調查的方法。近年來遙測的技術不斷進步，在影像的解析度及電腦影像處理速度上都大幅提升，遙測影像的解析度已達到數公尺以內。

遙感探測技術在探油方面建立在各種遙感圖像特殊處理的基礎上，藉擷取與油氣有關信息，達到識別油氣的目的，例如圖3.6藉Earthsat衛星圖像中科威特海面浮現油污，成功地發現淺海地區的油苗。此外利用遙感圖像對區域構造的反映，例如岩層中的背斜、穹隆或斷層等構造，也可判斷有無儲油所須封閉構造的存在，如圖3.7中遙感圖像顯示加拿大近極區鹽丘構造，顯示有儲油可能。

IV. 井測與鑽井技術

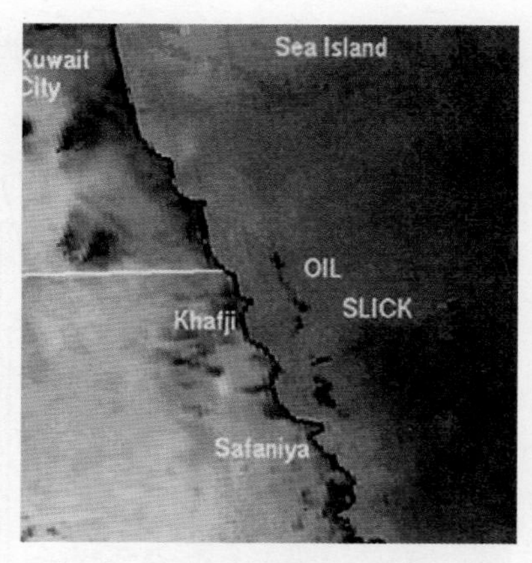

圖3.6：Earthsat衛星圖像中科威特海面浮現油污，顯示淺海地區的油苗。

(1) 井測(Well Logging)

井測(well logging)或稱測井，是一種地球物理探勘的技術，將各種探針放入鑽井底部後，以纜線將探針向上提升，在過程中測定並記錄地層的各種特性如電阻、自然電位差、聲波速度、放射線強度等等，井測設備的簡圖如圖3.8。井測所記錄數據(圖3.9)，如電阻井測(Resistivity log)、自然電位差井測(Spontaneous Potential log)、聲波井測(Sonic log)、伽瑪井測(Gamma ray log)、中子井測(neutron log)、密度井測(Density log)等，都提供石油地質和工程技術人員重要資訊，如地層的孔隙度、滲透率、岩性等，是評價油、氣層的重要手段。井測技術比鑽井取岩芯樣品簡單、效率高、成本低，因此它不僅是石油鑽採過程中的例行工作，也常被應用於地下水研究及工程地質中。

(2)鑽井

鑽井是利用機械設備，將地層鑽成具有一定深度的圓柱形孔眼的工程。鑽井技術是油氣勘查中最直接的和最有效的手段，所鑽取各個地層的岩芯樣品可以提供最清楚的有關地層孔隙度、滲透率、岩性、流體類型和內容，以及地質形成的時間等等資料，石油地質學家得以據此正確的掌握地下地質情況，因此在鑽井過程中，所得到有關地層的深度、岩石性質、流

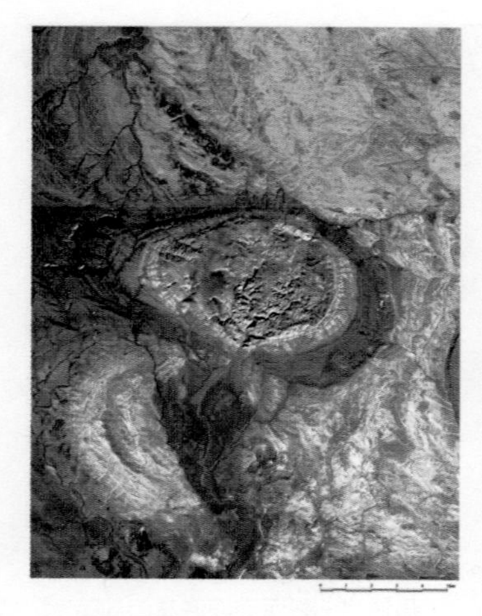

圖3.7：加拿大Queen Elizabeth島附近的Isacksen鹽丘的衛星影像，鹽丘由直徑約6公里在志留紀時期形成的蒸發岩所構成

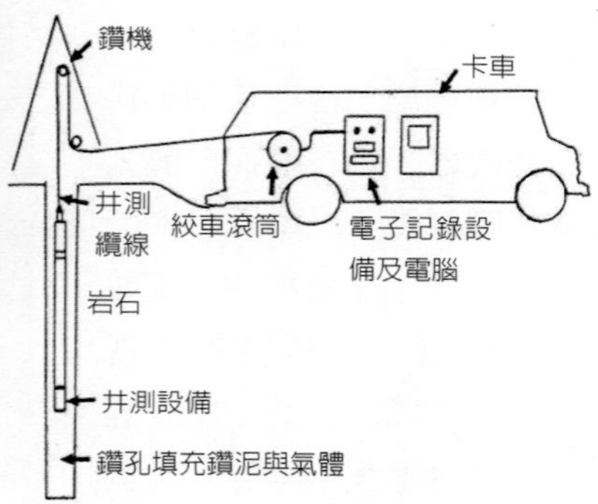

圖3.8：井測設備簡圖

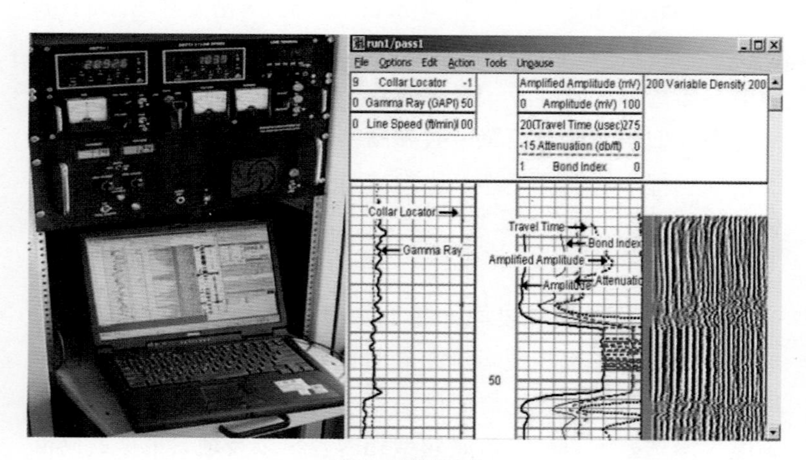

圖3.9：井測記錄

體，以及任何其他地質資料都會被詳盡的記錄下來。

(3)地層對比

如果在一個地區已經有多處井測及鑽井資料，我們便可以作各個井與井之間的地層對比 (Correlation)及連續性，並利用特殊的指標地層(Marker bed)以標明關係。所謂指標地層，是指某一個地層其岩性特別容易辨認，例如含火山灰、煤、石灰岩、砂岩或化石等，都是比較容易被辨認的指標，如圖3.10中的砂岩1、砂岩2與砂岩3都是指標地層，我們並根據地層對比技術作出地層截面圖(Stratigraphic Cross Section，圖3.10)與構造截面圖(Structural Cross Section，圖3.11)，以說明各地層間岩相變化與構造間關係。

此外若連接多個井之間的地層鑽井，水井，和相似的岩性截面，厚度，並發生地層，便可以作出一個地層間三維的截面關係，稱為柵欄圖(Fence Diagrams，圖3.12)。柵欄圖是用來描述地下地質和地層的空間關係，在通常情況下，柵欄圖清楚標示出各個截面如何相交以及鑽井和油井相關位置，對地下地質及生油潛力的研判很有幫助。

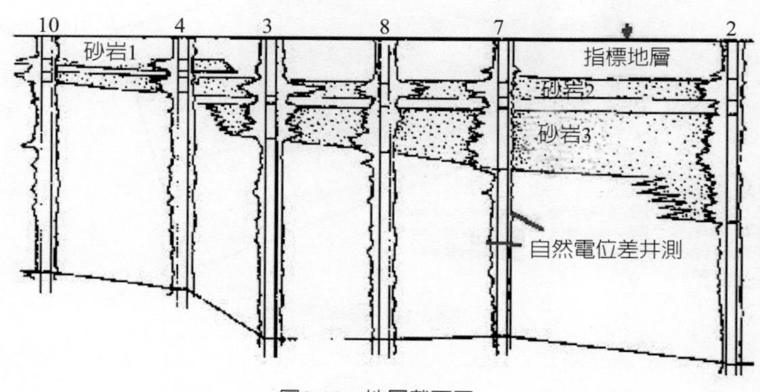

圖3.10：地層截面圖

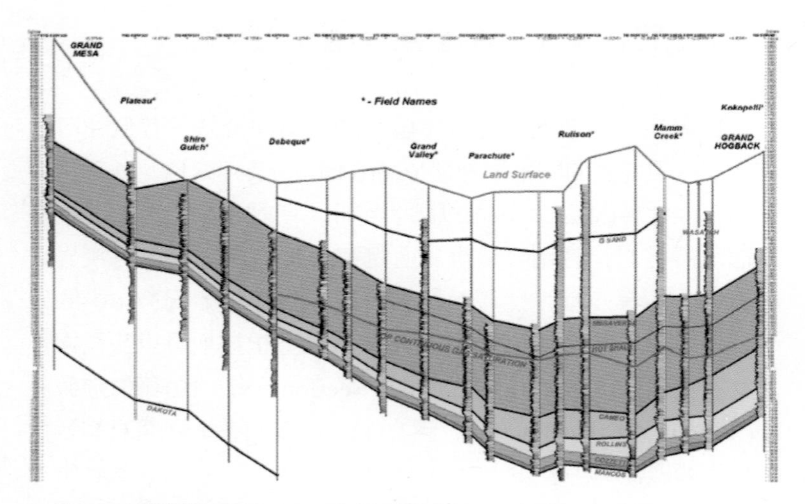

圖3.11：構造截面圖(Piceance 盆地，從Grand Mesa至Grand Hogback一段)

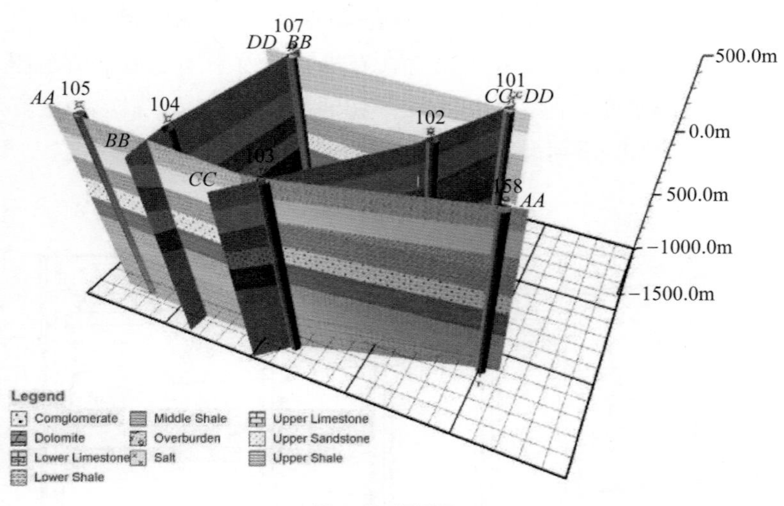

圖3.12：柵欄圖

V. 地球化學探勘

石油和天然氣在形成與遷移過程中，在周圍環境會留下一些痕跡，利用這種痕跡形成的地球化學異常進行石油和天然氣的勘探，就是油氣的地球化學勘探。例如在探勘地區的水體、土壤中可取樣，藉氣相色譜儀(gas chromatography)分析有無石油成分；又如有些儲油層雖無裂隙使油氣滲出(Seeps)，卻藉微裂隙產生在地表碳氫化合物的微滲出(Hydrocarbon Microseeps)，微滲出可藉儀器偵測，它們常呈暈圈圖形，稱為碳氫化合物暈圈(Hydrocarbon Halo)，暈圈提供了儲油構造可能界定的範圍(圖3.13)。此外第二章中所說的鏡質體反射率(Vitrinite Reflection)Ro值隨有機質成烴演化而增加，故Ro值亦可以作為鑑定生油岩成熟度的依據，以上數例都是說明地球化學勘探方法如何有助於評估探勘油氣生成潛能。

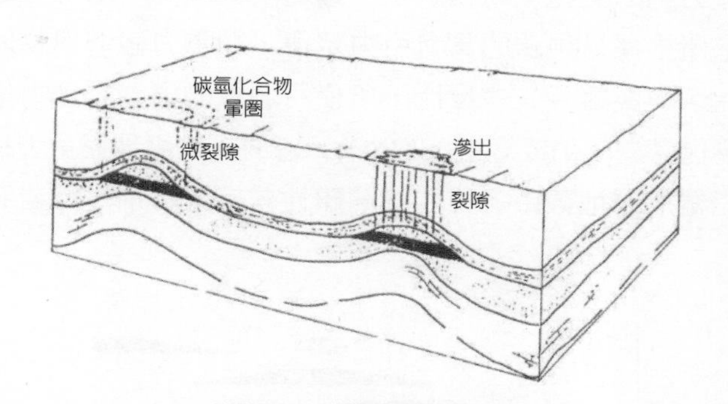

圖3.13：碳氫化合物暈圈

圖片來源：Norman J. Hyne, Petroleum Geology, Exploration, Drilling, and Production, PennWell Corp. 2nd Ed.

VI. 地球物理探勘方法

地球物理探勘方法是藉著地面上儀器所測得的地球物理的性質(例如重力、地磁、地電阻等等)，來推斷地下的構造， 在油氣的探勘中主要的是藉著重力探勘、磁力探勘、以及由人工震源產生震波所作的反射震測。重力探勘與磁力探勘因為是由地球物理的異常性質來推論構造，所以它的勘探方法是間接的，而且同時存在好幾種構造的可能解釋(非唯一解)。通常重力、磁力探勘多半使用於探勘早期，反射震測法則運用於地面地質調查、遙感探測以及重磁力探勘之後(如圖3.14)，是最重要的地球物理勘探方法。

1. 重力、磁力探勘

重力探勘是觀測因地殼中不同岩石間密度的差異所造成地表重力場的變化，以推導地下結構及構造的一種物理勘探方法；它所根據是牛頓的萬有引力定律，即重力強弱與物體質量成正比，與距離平方成反比，所使用測量的儀器是重力儀，測量的單位是迦(gal)或毫迦(millgal)。磁力探勘原理與重力勘探相仿，是觀測因地殼中各種岩石間磁性差異，特別是因岩石中磁

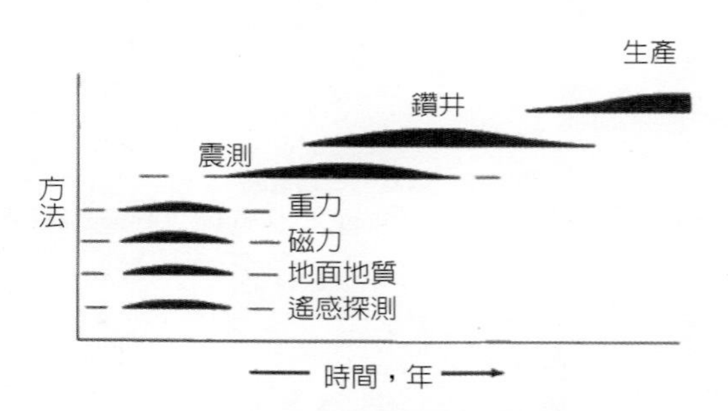

圖3.14：各種勘探所涵蓋的時間範圍

圖片來源：Richard C. Selley, Elements of Petroleum Geology, Academic Press 2nd Ed.

鐵礦(magnetite)的存在所造成的地表磁場的變化，以推導地下結構及構造的一種物理勘探方法；磁力的定律是磁場強度與磁極強度成正比，與距離平方成反比，測量的儀器是磁力儀，磁力測量的單位是高斯(gauss)或泰斯拉(tesla)。但無論是重力探勘或磁力探勘，都是測量重力或磁力的異常(anomaly)，再根據此異常值去推算地下結構及構造，特別是與油氣儲藏有關的各種封閉構造，如圖3.15中各種地質構造如沉積盆地、斷層、珊瑚礁、岩脈的侵入與鹽丘等都是可能儲油構造，它們都顯示地表測量的重力或磁力值的異常(圖3.15)。

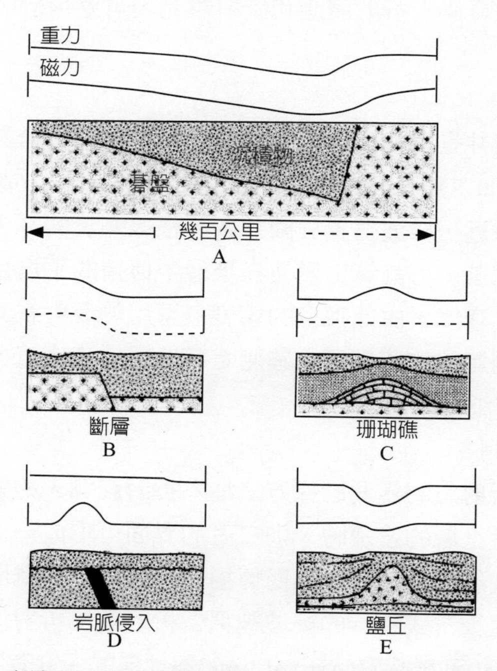

圖3.15：與儲油有關的各種地質構造，所顯示於地表的重力與磁力異常

圖片來源：Richard C. Selley, Elements of Petroleum Geology, Academic Press 2nd Ed.

2. 震測探勘

震測探勘是藉人工震源產生震波，藉地下介質彈性和密度的差異，分析震波在地下岩層中的傳播，以推斷地下岩層的特性，震測勘探是鑽井前探勘最重要手段，在工程地質探勘上也常被應用。以人工震源產生的震波在向地下傳播時，若遇到介質性質不同的兩岩層界面時，將發生反射與折射，在地表或井中佈置受波器來接收這些震波的信號，再經過震波紀錄的資料處理和解釋，便可推斷地下岩層的性質和構造。震測探勘因性質不同又可分為震測測井、折射震測和反射震測等，其中最主要的是反射震測，折射震測和反射震測均可應用於陸地探勘或海洋探勘。

(1) 震測測井

震測測井是直接測定震測波速度的方法，又稱為垂直震測剖面(Vertical Seismic Profile, VSP)測量，如圖3.16將人工震源置於井口附近，檢波器置於鑽井內，根據測量的井深值及震波傳播的時間差，可計算出震波在地層中傳播的平均速度及在各個地層間的速度，由此獲得的速度值可用於反射震測或折射震測中，震測測井法不僅可準確測定各地層的速度值，且可提供鑽井附近詳細地質構造。

(2) 折射震測

利用折射波的震測勘探方法稱為折射震測，如圖當下層的震波速大於上層的波速時，則二者的界面可形成一個折射面，以臨界角入射的震波將沿界面傳播一段距離，再離開界面回到地表，以這種方式進行的震波被稱為折射波。折射波的初達波(First Arrival)到達時間(Arrival time)與地層的深度有關，折射波的時距曲線(波的到達時間與距離作圖)為一直線，其斜率的倒數可決定該地層內的波速(如圖3.17)。

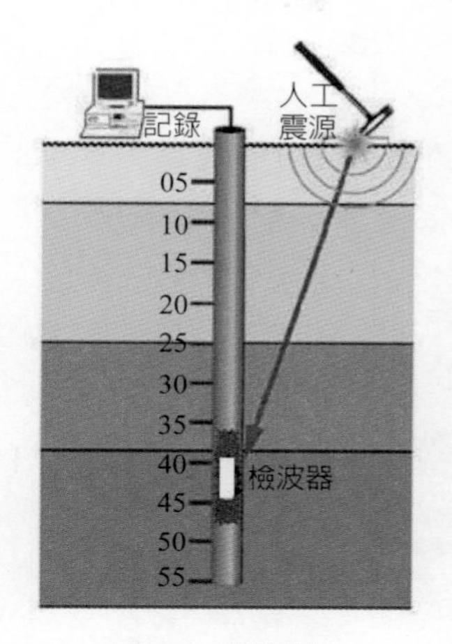

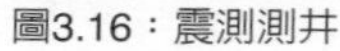
圖3.16：震測測井

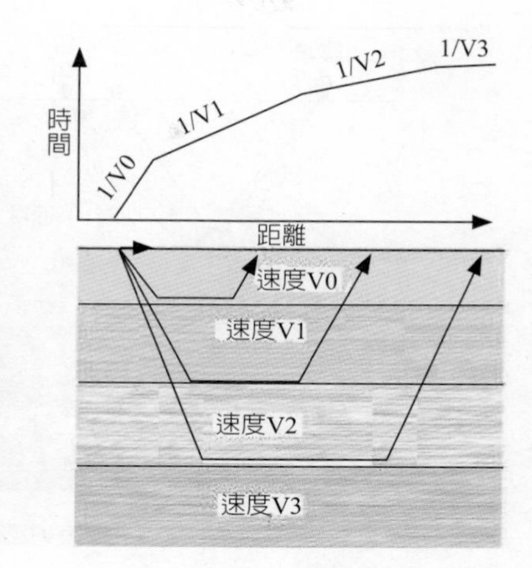

圖3.17：折射震測

(3) 反射震測

反射震測(Seismic reflection)不僅是地球物理探勘中最主要的步驟，也是在整個探勘過程中非常關鍵的步驟，因為反射震測法將地層構造清晰的反映在震測紀錄上。反射震測藉在地表使用一人工震源產生震波，使震波傳播到地下，在兩地層的相界面因其阻抗對比(Acoustic Impendence，與速度和密度有關)，一部分震波在介面被反射而回到地表，一部分則通過界面，地表上佈置的受波器便記錄了這些反射波信號。圖3.18左為一個兩層介面的反射波路徑示意圖，圖3.18右為兩個受波器接收的反射波信號，首先從層1及層2間界面反射的震波到達受波器1，之後很短時間內，同一界面反射的震波到達受波器2，隨後從層2及層3間界面反射的震波也到達受波器2。從上述簡圖可看出，反射震測是直接偵測震波在地層間傳播而返回地表的信號，與折射波藉震波的到達時間，間接的來換算地層的深度與速度是不同的，反射震測更能準確仔細的顯示地殼構造。

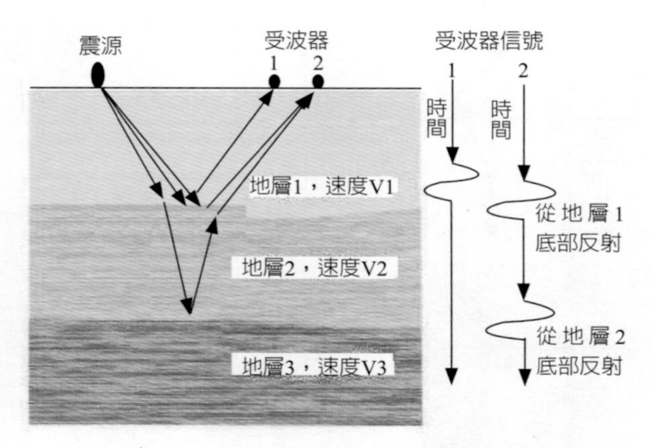

圖3.18：反射震測示意圖

反射震測的探勘過程非常複雜，我們可將反射震測的工作劃分為資料蒐集、資料處理及資料解釋等三個主要步驟，各個步驟的工作簡述於下。

i. 資料蒐集(Data Acquisition)

A. 震源：

反射震測須使用一個人工震源將高能量震波傳至地下，早期陸地探勘多採用炸藥為震源，目前在陸地上常使用的地面震源有重錘、連續震動源(Vibroseis，圖3.19)、氣動震源等。連續震動源由震動器卡車(Vibrator truck)操作(圖)，利用氣體或水力驅動土壤上或水中的鋼板，使其振動而產生一種頻率可控制的波列(由數個震動器卡車構成)，使用起來非常方便，連續震動源佔市場所使用人工震源的70%。海上震測勘探可使用炸藥作震源，也可採用空氣槍、蒸汽槍及電火花引爆氣體等方法，但最常用的是空氣槍(Airgun)，將空氣槍拖曳於船後(圖3.20)，置於離水面6至9公尺處，利用空氣壓縮機將高壓空氣(約2000psi)輸送至高壓空氣槍，在瞬間釋放高壓空氣產生聲波傳播至海底，

圖3.19：連續震動源

圖3.20：放置空氣槍

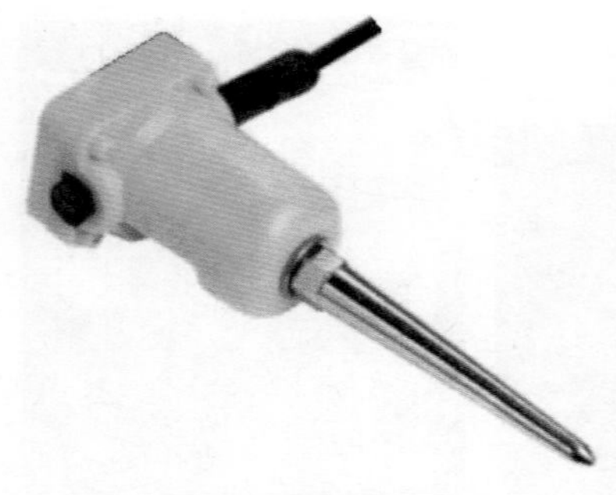
圖3.21：受波器

空氣槍常布置以空氣槍陣列(Airguns array)以增強信號。

B. 受波器陣列：

在野外的反射震測作業是藉受波器(圖3.21)來接收震波信號，並沿震源與檢波器連線隔等間距佈置成受波器陣列(圖3.22)。一般測線採用與地質構造走向相垂直的方向，受波器數量多為24的倍數如24、48、96、120、240等。每個受波器或受波器組接收的信號通過放大器和記錄器，得到一個連續震波的記錄，稱為頻道。為適應震測勘探各種不同要求，震源可置於中間(稱為Split Spread)或端點(稱為End Spread)，圖3.23為一個120頻道的炸射紀錄(Shot Record)。記錄器將放大後的信號按一定時間間隔採樣，以數值形式記錄在磁帶或磁碟上，再收回計算機房做資料處理。

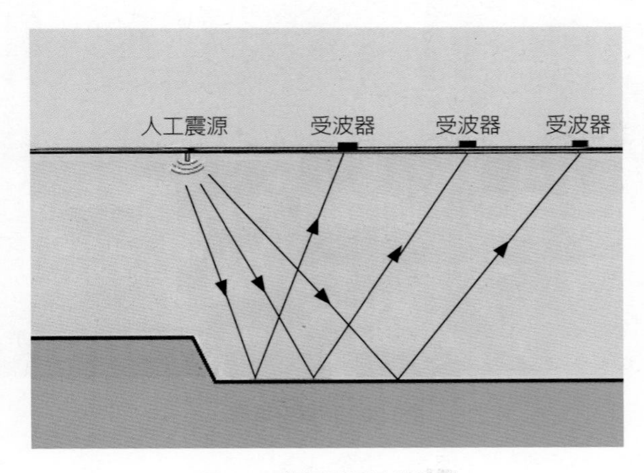

圖3.22：震源與受波器陣列

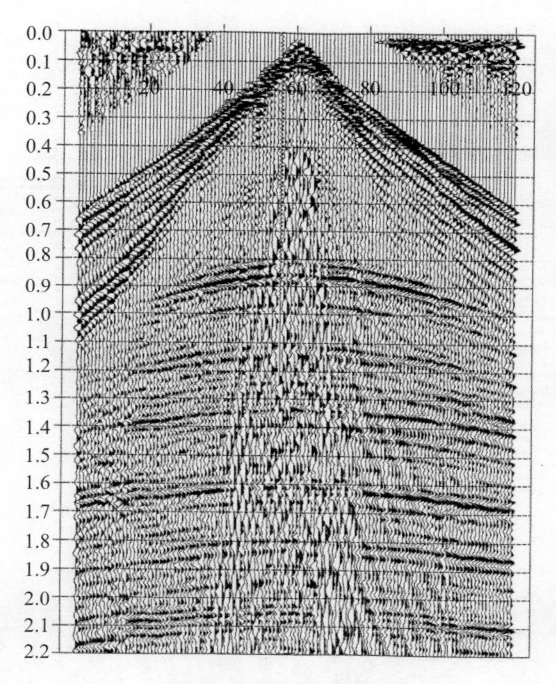

圖3.23：120頻道炸射記錄

在海上的多頻道震測反射系統，是在地球物理探勘船船尾放置受波器電纜(Streamer，一般最少24頻道)以接收震波信號，經多頻道震測儀(DFS-V)處理後儲存於磁帶或磁碟上，再作後續資料處理。

在海上的多頻道反射震測系統，是由地球物理探勘船船後拖曳(圖3.24)漂浮電纜(圖3.25)，漂浮電纜(Streamer)內灌滿油使其能漂浮水上，其內並每隔相等間距佈置有多個水聽器(Hydrophone)以接受以接收震波信號，每個水聽器或水聽器組構成一頻道，漂浮電纜一般為24頻道或其倍數，所蒐集信號經過一個多頻道震測儀(DFS-V)處理後儲存於磁帶上，再帶回計算

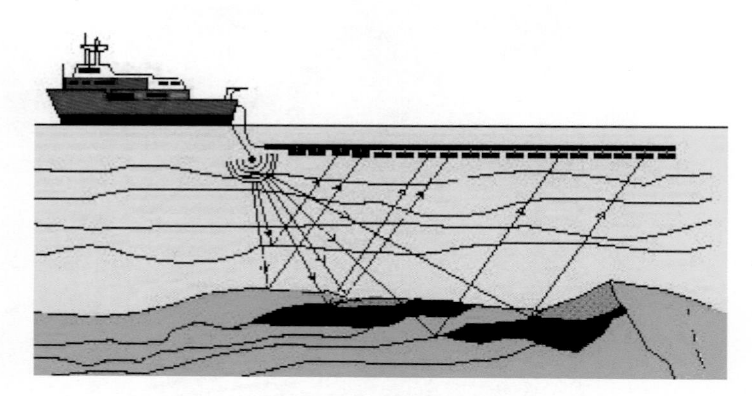

圖3.24：海上反射震測系統

圖3.25：漂浮電纜的佈置

機房作後續的資料處理。

C. 同深點炸射(Common Depth Point, CDP)

反射震測由於反射波信號常常過於微弱並易受雜訊干擾，為了提高反射波信號雜訊比(Signal/Noise)，在資料蒐集中普遍採用多次重合(multiple fold)技術，稱為共深點(Common-Depth-Point, CDP) 炸射，或稱同中點 (Common-Mid-Point) 炸射。共深點炸射技術是蒐集並疊加在同一反射點的資料，如圖3.26中各個不同位置的炸點(人工震源)與受波器，都提供中點M處的地層反射資料，將這些資料疊加便可得到六重合(6 fold)的信號強度。在實際的野外操作中，我們可藉準確移動炸點與受波器的位置，以得到所要信號的覆蓋，圖3.27為一24頻道電纜，藉移動炸點間距使其為受波器間距2倍，我們得到反射點資料的六重合。

共深點反射技術要求精確地掌握震源激發時的位置，在陸地上藉精確的大地測量這點不難作到，在海上精確的定位則需要利用衛星導航系統，因現代地球物理探勘船都已將導航定位系統與反射震測系統聯接，因此在海上反射震測作業作共深點反射也無困難。

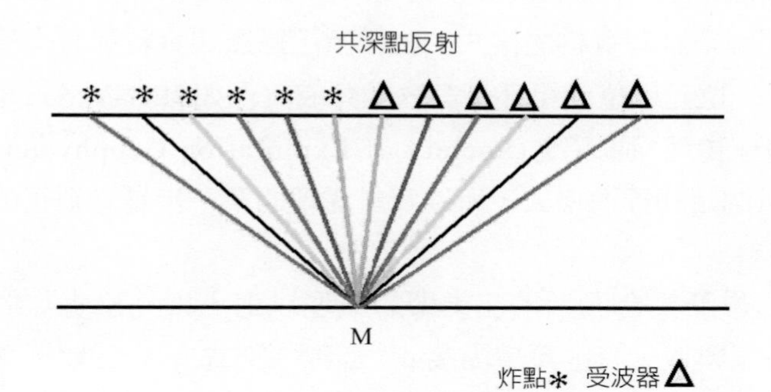

圖3.26：共深點炸射

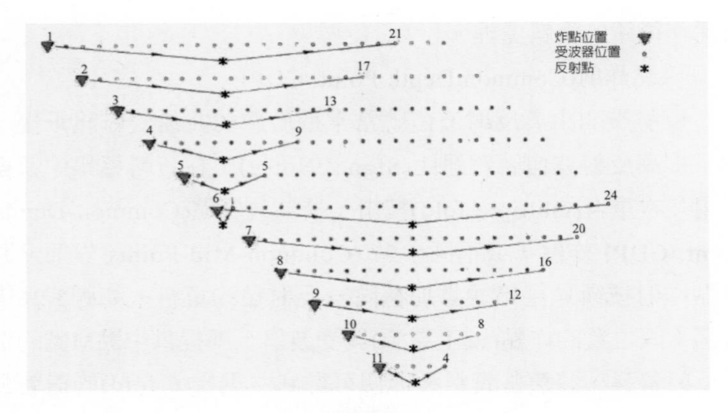

圖3.27：24頻道6重合作業

ii. 資料處理(Data Processing)

反射震測所蒐集資料，須依標準程序經過資料處理步驟，資料處理步驟可以個人製作所需計算程式以敷所求，但因資料處理步驟相當複雜繁瑣，一般都借助於市面上已有的商業套裝軟體，例如Landmark ProMAX 軟體，Globe Claritas軟體，VISTA 軟體等等，如欲購買震測資料處理軟體，可詢問市場口碑以評估軟體好壞，筆者使用Landmark ProMAX 軟體多年，特別推薦此軟體。反射震測資料處理的步驟主要有下列諸項目：

1. 解讀震測資料之格式：磁帶所記錄震測資料都有一定格式，每一位元或位元組都有其物理意義，例如SEG-Y格式是由美國地球物理探勘協會(Society of Exploration Geophysicists, SEG)所制定的標準格式，所以資料處理的第一步是必須正確的讀入資料。

2. 炸點集合展示：在後續的處理以前，須先檢查炸射記錄的各個頻道，有些頻道因接收器訊號接收故障只記錄了壞信號，須人為的刪除這些壞信號。另外前後訊號呈現反相(polarity

opposite)的現象時，必須將訊號反轉(reverse)。

3. 幾何定位(Geometry)：將震測的炸點及受波器位置輸入電腦重新整理，使資料按同深點(CDP)或同中點(CMP)重新作幾何排列，即可得到同深點集合剖面(CDP gather profile)，以同深點集合繼續作資料處理，所得結果會更接近真實的地下構造。

4. 真實振幅還原(True Amplitude Recovery)：此步驟的目的是就是修正振幅所受到球面擴散(spherical divergence)與非彈性衰減(inelastic attenuation)的影響，以還原真實振幅狀況。

5. 靜態修正(static correction)：靜態修正是要除去近地表的風化層或稱低速層的速度與深度效應。

6. 速度分析(Velocity Analysis)：為了知道地下各地層的速度值，需要作速度分析，速度分析方法之一是作semblance，即以不同速度值測試其一致性(Coherence，圖中褐色值較高)，從此速度隨時間分佈的速度譜(Velocity Spectrum)圖中我們可選出較佳速度值(如圖3.28)。

7. 垂直隔距時差修正(Normal Moveout，簡稱NMO)：同深點集合資料因各個受波器到震源的水平距離不同，所造成的時間差必須作修正，稱為垂直隔距時差修正(圖3.29)，使震源與收波器修正至同一位置(指震源到接收器的中點)，如此各個頻道信號可視為都從表面一點垂直入射某層面，再垂直反射回該點。作垂直隔距時差修正時需要輸入前步驟速度分析所得各地層的速度值，因此速度的準確性相當影響NMO。

8. 重合(Stack)：經過NMO步驟後，將同深點的信號疊加起來之動作即稱為重合(stack)，重合後地層真正的信號被加強，雜訊的效果被減弱(圖3.29)。

9. 濾波(Filtering)：經過一個傅立葉轉換(Fourier Transform)，可將資料從時間空間(time domain)轉換到頻率空

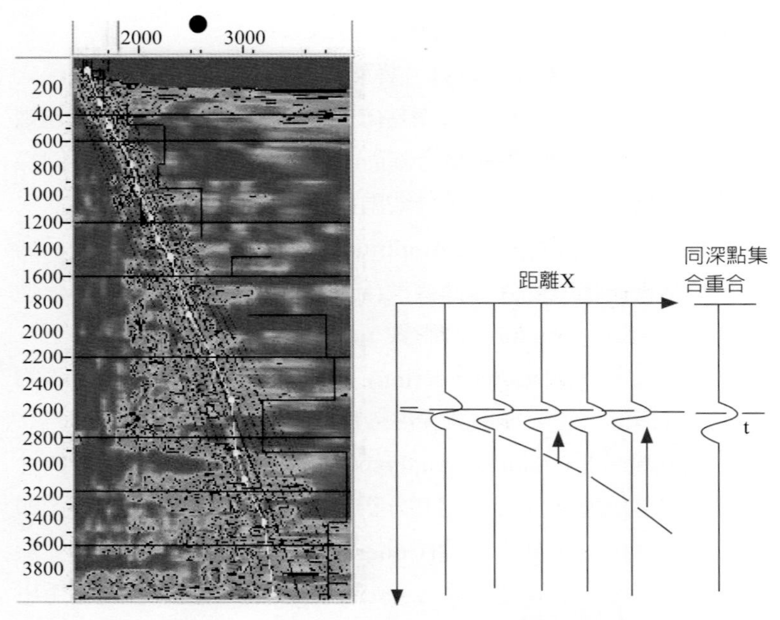

圖3.28：由速度譜決定地層間速度變化　圖3.29：垂直隔距時差修正與重合處理

間(frequency domain)，可依調查目標與資料特性設計濾波器(Filter)作濾波處理，或藉調整濾波範圍使影像更清晰。

10. 解迴旋(Deconvo-lution)：海底表面或地層面常發生震波的複反射(Multiple)或震鈴效應(Ringing effect，即不斷的複反射)，它們容易被誤會為信號，造成解釋上的困擾，因此需要消除或減弱複反射或震鈴效應，這個步驟稱為解迴旋。常用的解迴旋方法有尖峰解迴旋(Spiking Deconvolution) 、預測解迴旋(Predictive Deconvolution)與FX解迴旋(FX Deconvolution)等，但每種方法效果均非常有限，圖3.30中解迴旋後所見反射層信號較之前清楚。

11. 移位處理(Migration)：當震波碰到地下較小物體例如

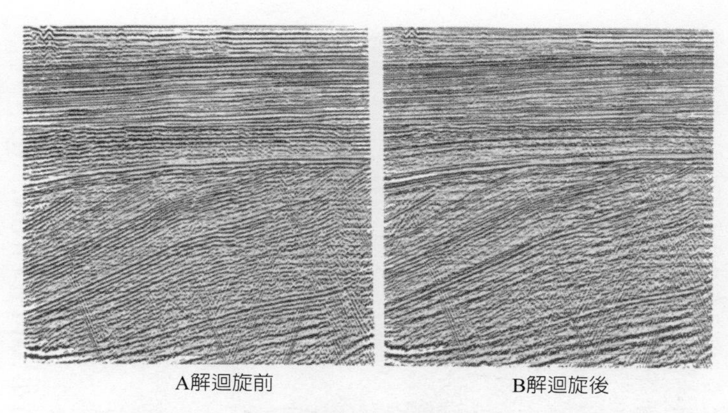

圖3.30：解迴旋前後圖像比較

斷層的端點時會產生繞射現象，須作移位處理來消除繞射的干擾，將繞射信號收斂回到繞射點，如圖3.31移位處理後更正確顯示地層的向斜構造。移位處理方法又可分重合前移位(Prestack Migration)、重合後移位(Poststack Migration)、有限差異移位(Finite Difference Migration)、柯齊夫移位(Kirchhoff Migration)及將時間換算為深度的深度移位(Depth Migration) 等。

12. 增益控制 (Gain Control)：增益控制用以增強或抑制不同深度的振幅強度，增益控制有幾種不同模式，常用的AGC(Automatic Gain Control) 就是其中一種，但資料經AGC處理後已非真實的振幅強度，因此使用此步驟時要特別小心。

13. 三維震測資料處理：如果資料是三維的，還須作三維震測資料處理，最後得到一個地下構造的3-D展示，關於三維震測資料處理細節，因篇幅之故這裡不再細述。

iii. 資料解釋(Data Interpretation)

反射震測的最後一步就是資料解釋，這是反射震測的結果和目的，如前所述，反射震測是地球物理探勘方法中最能準確

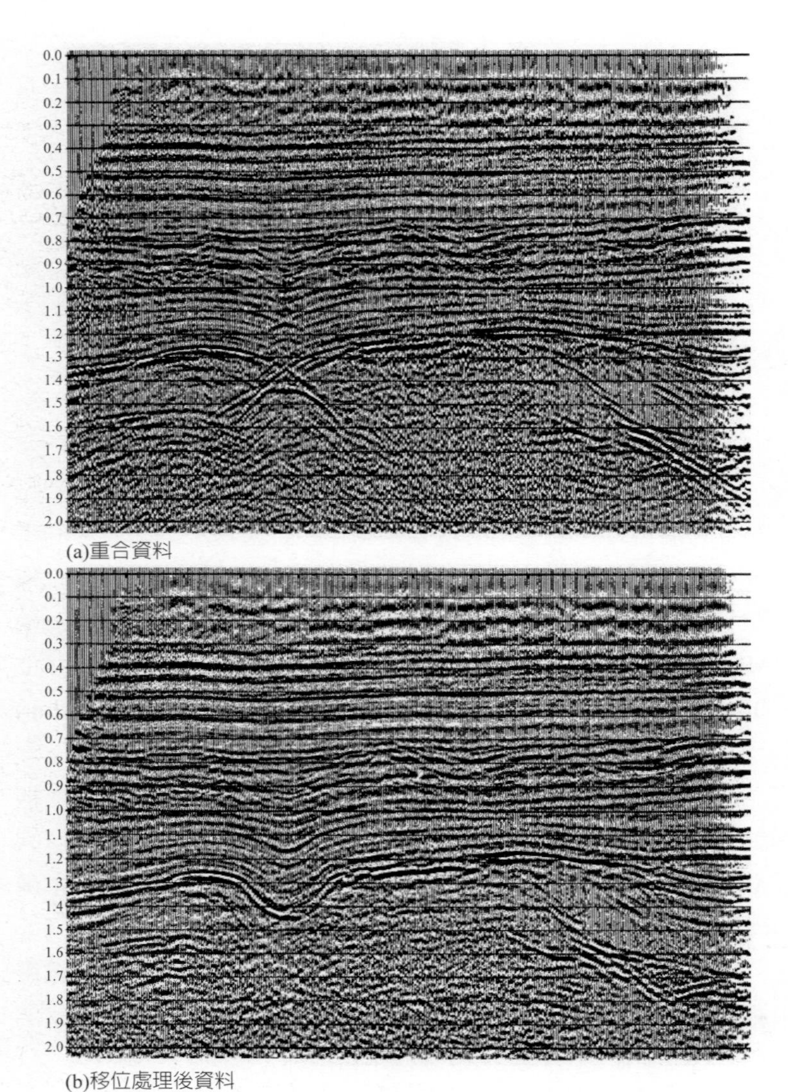

圖3.31：移位處理前後圖像比較

顯示地殼構造步驟，因此是探勘成敗的一個重要因素。地質學家相當倚賴反射震測剖面以研判地殼構造及其演變，因此在資料解釋步驟中非常需要相當地質學的素養，才能正確的研判解釋地下構造。80年代筆者參與美國Duke大學與多個主要石油公司合作的PROBE計畫，在非洲東部幾個大湖蒐集反射震測資料達十年之久，以研究東非大斷谷構造與板塊活動歷史，圖十為馬拉威湖的一段震測剖面與地質與構造的解釋，PROBE根據此剖面解釋東非的這些大湖都是由半地塹構成，所謂半地塹是面向一方的許多正斷層系列(圖3.32)，由地殼內的張力造成。圖3.33為根據多條震測剖面的資料顯示，馬拉威湖構造由七個半地塹單位構成，PROBE計畫最主要的貢獻便是根據多個震測剖面，提出半地塹單位(Half Graben Unit)的概念，對解說大陸漂移的起初機制很有幫助。

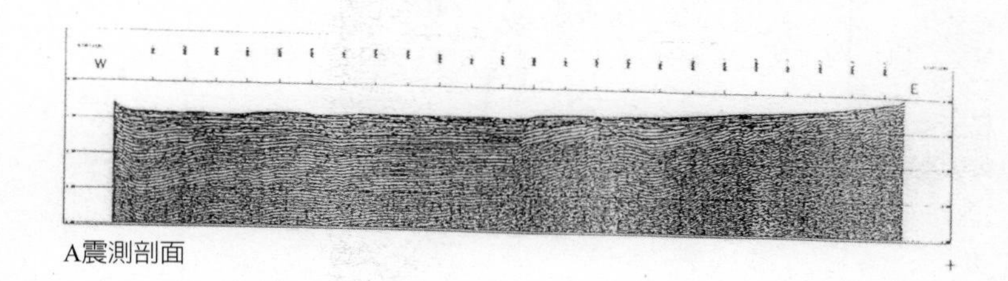

A震測剖面

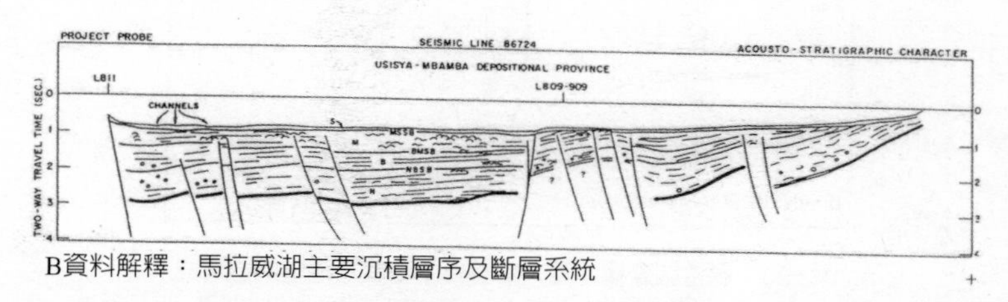

B資料解釋：馬拉威湖主要沉積層序及斷層系統

圖3.32：馬拉威湖震測剖面及其解釋，圖中主要沉積層序為：N(Nyasa層)，B(Baobab層)，M(Mbamba層)，S(Songwe層)。各層介面定義為NBSB(Nyasa-Baobab)、BMSB(Baobab-Mbamba)與MSSB(Mbamba-Songwe)

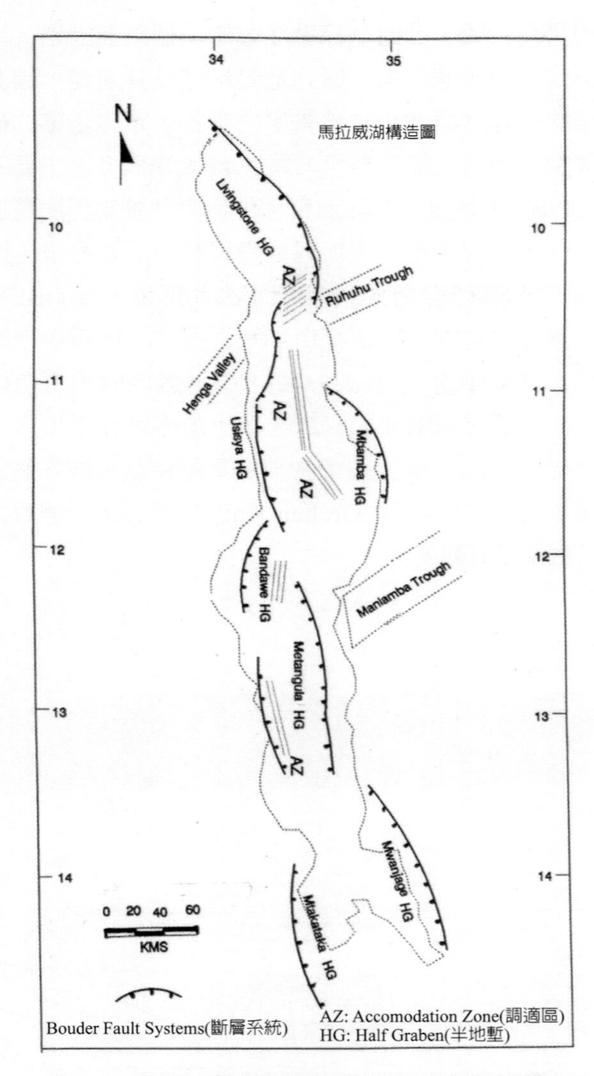

圖3.33：馬拉威湖構造圖，斷裂谷由七個半地塹單位構成

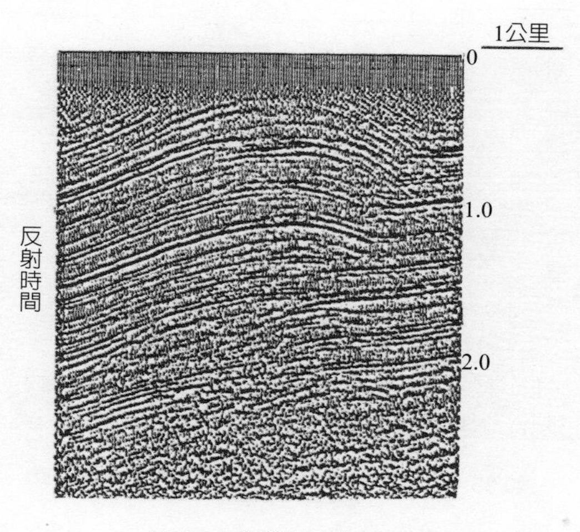

圖3.34：震測剖面背斜構造

除了地質與地球物理研究之外，反射震測更對石油探勘提供極重要證據，在第二章中我們曾談過儲油層必須有封閉構造，其中最有可能捕獲油氣的構造有背斜、斷層、珊瑚礁、鹽丘與地層尖滅等，這些構造都有賴於反射震測剖面的資料解釋，石油地質學者主要的工作，便是藉這些資料來判斷封閉構造的存在及其範圍。圖3.34中震測剖面的背斜構造頂部就是可能的儲油層，圖3.35震測剖面中標示為亮點(bright spot)處顯示較強振幅，是天然氣存在的有力證明，這是因為天然氣的震波速度較低，其上蓋層與此天然氣層面的阻抗對比大，因此在此層面反射震波的能量大而呈較強振幅。

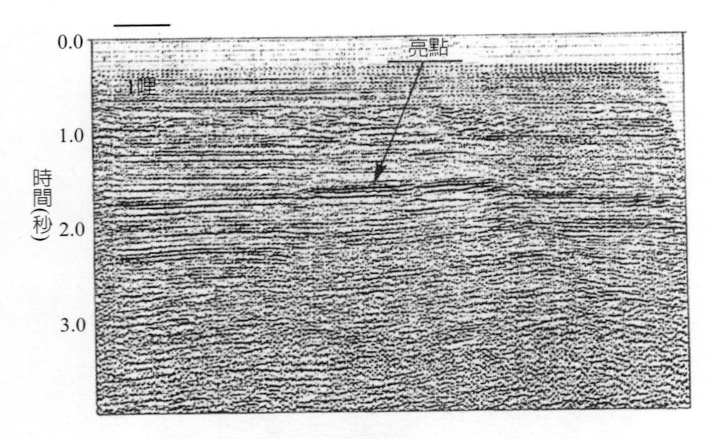

圖3.35：震測剖面中亮點是天然氣存在的有力證明

3.3 石油與天然氣的開採

I. 鑽井前的預備

1. 風險評估

一旦探勘工作結束，石油公司便面臨決策：是否進行鑽井？要評估這個問題，亦即當於要回答下列這些問題：

(1)本地區石油或天然氣儲量潛力有多少？即根據探勘結果預測石油和天然氣的蘊藏數量。

(2)鑽井的風險多少？即根據現有技術及經濟條件能夠被開採出的油氣資源量有多少？

(3)鑽井的成本需要多少？

(4)需要什麼基礎設施(infrastructure)？費用多少？

(5)所生產的碳氫化合物有沒有市場？

(6)它們如何被運輸到這些市場？

現代的石油公司常是跨國公司，因此風險評估包括比較世界不同地區的探勘結果，以排定公司在各個地區鑽井的預算，這個決策工作多半交給公司資深地質學家或地球物理學家，其成敗相當影響公司全體利益。

2. 鑽址選擇

鑽井位置的選擇主要根據地質所顯示儲油層構造，探勘公司將建議最有利開採石油或天然氣的鑽井位置，但是在選擇鑽井場址時也須要考慮到現實狀況，例如必須取得一塊場地其水平面積能夠豎立鑽井設備及挖掘儲備坑，並提供場地儲存所有材料和設備。所有必要的法律的合法性都必須迅速解決，例如取得鑽井許可證及測量鑽井場址等，大多國家的採礦權屬於國家，因此不僅要取得土地所有權狀，也要取得地下採礦權的合法性，當這些問題都解決時，近一步鑽址預備的工作才開始展開。

3. 鑽址預備

一旦鑽井地點已被選定並經過調查，承包商將搬進鑽井設備作準備工作，必要時該地點將被清理並整平。包商將挖掘一個大型坑洞，稱為儲備坑(Reserve pit)，用來儲備鑽井作業所用的水並處置鑽井的碎削及廢物(圖3.36)。一個小型的鑽機，稱為乾洞挖掘機(dry-hole digger)，將被用來啟動主要鑽孔。鑽井作業會先鑽一個大孔徑淺層深度的井並內襯導管(conductor pipe)，當所有這些工作都已完成，然後鑽井承包商搬進大型鑽機並所有的鑽井設備。

4. 一些有關鑽井的細節

鑽井是探勘和開採油氣田的重要環節，在探勘過程中要透過鑽井證實油氣的存在，在開採中要透過鑽井以生產石油和天然氣。

圖3.36：清理整平鑽址並挖掘儲備坑

當探勘顯示地下有儲油層構造時，近一步工作便須鑽井測試，這個測試井便稱為初探井(controlled exploratory well)或野貓井(wildcat)，稱為野貓井原因是早期在賓州鑽井時夜間常有野貓呼聲。通常初探井經測試後多半可能是乾井，如果該井測試有油氣則稱為「發現油井」(「discovery oil well」)，一般在初探井中發現有油氣的比例約為1/10，也就是十口井中只有一口井為發現油井，其餘皆為廢棄井。

一旦測試為「發現油井」(「discovery oil well」)，該地區便須進一部測試數井，並且諸井均證實有油氣時，才能定該區為可生產(productive)。此時根據鑽探結果預估該油田的範圍及蘊藏量，並須確認公司擁有土地及開採所有權，然後才能開採生產井。

II. 鑽井工程

早期的鑽井架都是木製的，用繩索拉動鑽具，稱為繩索鑽井鑽具(cable-tool drilling rig，圖3.37)，所鑽的深度都很淺。現今的

圖3.37：早期鑽井所用的繩索鑽井鑽具

鑽井都使用旋轉鑽井設備，所鑽的深度多在一千公尺以上。

一個現代化的旋轉鑽井設備(Rotary drilling rig)是由4個獨立的系統構成(如圖3.38)：

1. 動力系統(power)：鑽井系統由一個柴油引擎發動，使用柴油燃料，產生約1000至3000馬力帶動整個鑽井系統。

2. 升降系統(Hoist system)：用於舉高或降低鑽井的纜線及鑽井設備，無論陸上或海上鑽井，外觀上最明顯的特徵便是一個由四個腳鋼架構成的鑽井架(derrick，圖3.38)，上方裝置定滑輪與纜線以拉動鑽井設備，鑽井架可承載總重量39至631公噸。

3. 旋轉系統(Rotating system)：旋轉系統由凱利(Kelly)、轉盤(rotary table)、鑽柱(drill string)、鑽鋌(drill collar)與鑽頭(drill bit)等構成，由一根凱利(Kelly)連接凱利套管(Kelly bushing)與轉盤(圖3.39)，這六角型凱利便帶動整個鑽柱(圖3.39)，鑽柱為許多根鑽杆(drill pipe，圖3.40)接合，鑽杆每根長約24.5至

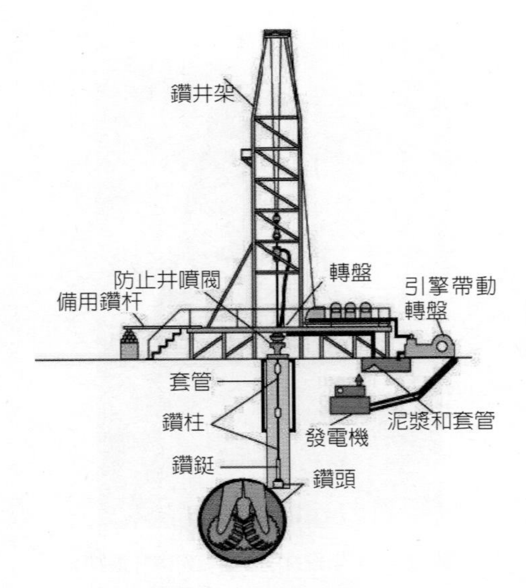

圖3.38：現代化的旋轉鑽井

圖3.39：旋轉系統

圖3.40：鑽杆

57公尺，最下端為鑽鋌與鑽頭(圖3.41)，鑽頭因承受巨大摩擦力，因此用金鋼鑽材料作成。

圖3.41：鑽頭

4. 泥漿系統(Mud System)：泥漿系統是沿鑽柱貫入鑽井泥漿並流通回至地表(圖3.42)，泥漿系統具有多種作用：(i)藉泥漿來控制地下壓力(ii)防止井噴(blowout，由閥門控制)(iii)防止洞崩潰(iv)冷卻鑽頭(v)帶走鑽屑。鑽井使用的泥漿是鑽井成敗的一個重要因素，因為如果泥漿過重可能會破壞儲油層，泥漿過輕則遇到高壓區時又可能造成井噴。

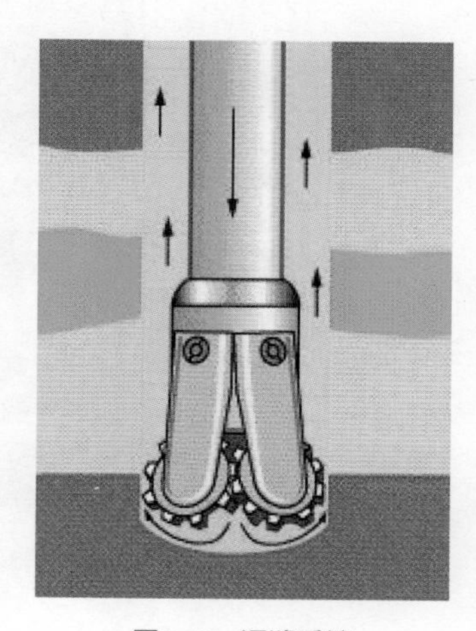

圖3.42：泥漿系統

III. 鑽井作業(Drilling Operations)

鑽井設備是非常昂貴的，因此，鑽井作業都是每天24小時運作，工人三個8小時或兩個12小時輪班以操作平台，因為鑽井工作是一種技術專業，因此須要一些擁有技術專長工人來操作鑽井設備(圖3.43)。

鑽井公司(drilling company)，就是鑽井的承包商(drilling contractor)，負責鑽井平台的作業以及鑽井所有設備用具。鑽井公司會指定一個業務代表在鑽井現場，業務代表通常全天侯生活在現場以監督鑽井作業，並且每天早上作晨間彙報(morning report)，將過去24小時的鑽井進展向承包商的辦公室及石油公司監督(superintendent)報告，報告的內容包括鑽井進度、目前深度、耗用材料、地質數據等等資料，使決策單位能掌握鑽井的進行。

鑽井作業的執行者(operator)，就是石油公司，負責鑽井作業整個計畫的財務需要、組織架構、選擇鑽址並與承包商簽訂

圖3.43：鑽井作業

合約。執行者派有一名公司代表(company representative)在鑽井現場，以確保鑽井作業按照石油公司的要求進行，公司代表也須為前述晨間彙報負責。

IV. 鑽井常遇的問題

鑽井作業的關鍵，在於是否能在最短時間內鑽到儲油層目標，以解省鑽井成本。鑽井的速率決定於岩石的岩性，一般沉積岩中砂岩較易鑽過，頁岩與石灰岩較困難。此外在鑽井過程中常會碰見一些困難，使鑽井作業整個延滯或停頓下來，因此迅速解決這些困難，使鑽井作業能夠繼續，是鑽井作業的當務之急。茲將鑽井常遇的一些問題列之於下：

1. 打撈(fishing)：鑽井常遇的一個可能性，是鑽井工具不慎掉入井裡或鑽柱斷裂，在井中的堵塞物稱為垃圾(junk)或打撈物(fish)。此時普通的鑽具不敷使用，必須利用特殊的工具來取回堵塞物，這個手續稱為打撈。打撈是個費力的工作，常常須耗以時日，並且所有鑽井作業都得停頓下來，打撈作業困難時，甚至必須用炸藥來炸毀堵塞物，然後用磁鐵吸附碎片以清理井底。打撈作業所使用的工具稱為打撈工具(fishing tool)，圖3.44為常用打撈工具的幾種，打撈工具可以租用，也可請打撈公司專家代勞。

2. 卡鑽(Stuck Pipe)：卡鑽是在鑽井過程中因機械困難或因鑽井液選擇不當使鑽柱黏附井壁，導致鑽具在井內不能自由活動(圖3.45)。機械困難的產生多半由於急轉彎(dogleg)造成，所謂急轉彎是指當鑽井遇到傾斜的硬岩層與軟岩層相間或鑽頭重量改變，以致在100呎內偏離了3°以上，形成鍵槽(keyseating)的凸出部分，較大口徑的鑽具如鑽鋌等很容易在這裡被卡住。機

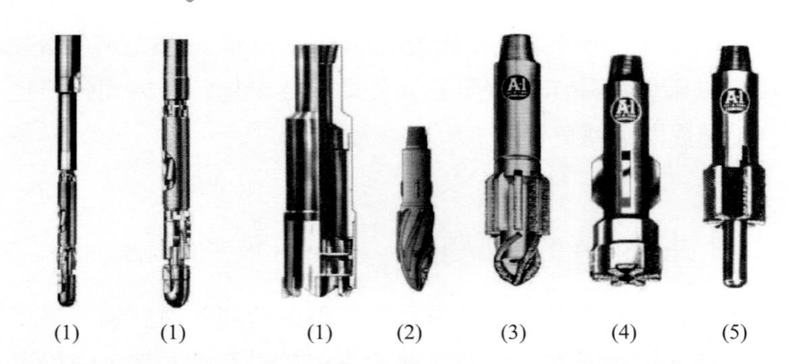

圖3.44：常用打撈工具：(1)過衝(Overshoot)、(2)錐形磨絞刀(tapered mill reamer)、(3)試驗磨(Pilot Mill)、(4)垃圾磨(junk mill)、(5)鑽桿磨(drill pipe mill)

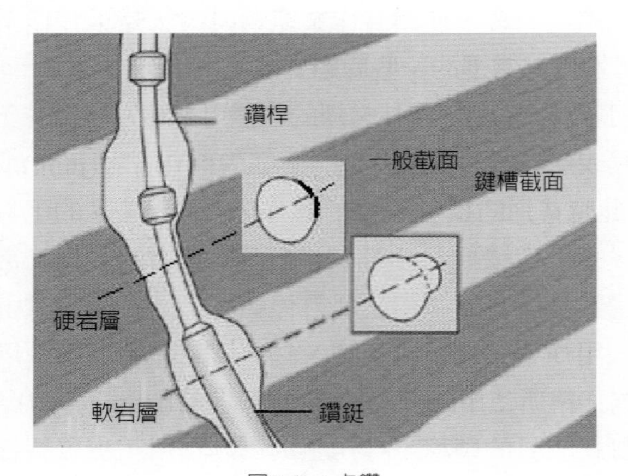

圖3.45：卡鑽

械故障可藉前述絞刀(reamer)絞碎卡住部位以擴大鑽井截面來解卡，而鑽柱黏附井壁可使用震擊器(jar)作震擊(jarring)動作，或使用較輕鑽井液及泡原油、柴油等方式解卡，必要時也可以爆破方式解決。

3. 坍塌頁岩(Sloughing Shale)：

在頁岩地層，鑽井液液柱壓力常不能達到地層支撐的壓力，容易發生地層失穩和井壁坍塌，補救措施通常是將鑽井液加入一些化學物質如鉀鹽，加重鑽井液或使用套管或尾管鑽井技術。但加重鑽井液會延長鑽井時間，坍塌頁岩下套管耗時又困難，因此處理易坍塌頁岩是一個棘手的問題，既增加鑽井成本又耽誤作業時間。

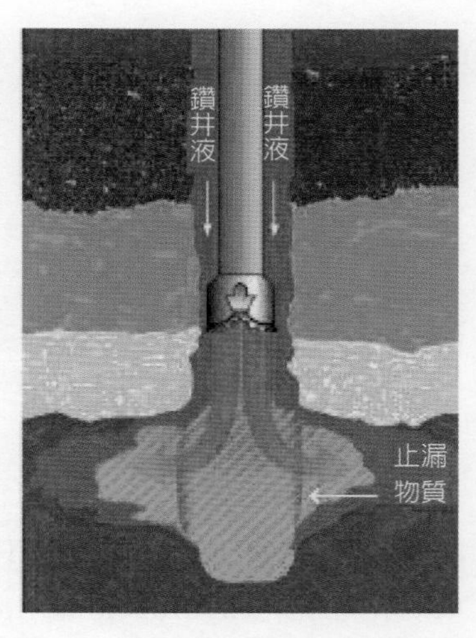

圖3.46：灌入井漏物質以解決井漏問題

4. 流失鑽井液(Lost Circulation)：

又稱井漏，當鑽井遇到多孔隙及破裂性岩層，或鑽井液施壓於岩層過於岩層能承受，此時鑽井液會大量流入岩層，造成井內鑽井液打入量大於返出量，嚴重時甚至有進無出。井漏能夠阻礙和拖延鑽井作業，大大增加鑽井總成本和完成時間，因此井漏問題需要迅速解決，使鑽井作業能夠繼續。解決井漏問題通常是將鑽井液泥漿混合一些纖維組織、粒狀及薄片狀物質，例如蔗渣、木屑、乾草、碎紙等，作成止漏物質，使井漏現象能夠停止(圖3.46)，一旦鑽過井漏區域則立刻下套管以保護該區域。

5. 岩層破壞(Formation Damage)：

當鑽井液液柱壓力與井壁附近岩層為過平衡狀態，例如岩層的孔隙率或滲透率突然降低，此時部分鑽井液會滲入鄰近井壁的岩層，改變岩層的孔隙率或滲透率，造成岩層的破壞，特別是當儲油層的滲透率被減少或破壞時，可能會影響石油的滲出，因此這種情形須要防止。岩層的破壞可藉灌入滷水(即鹽

圖3.47：井噴失火

水)、油基乳劑(oil-base emulsion)、合成鑽泥(synthetic-base drilling mud)或減輕鑽井液重量來防止。

6. 腐蝕性氣體(Corrosive Gases)：

在有些區域，岩層內釋放出一些腐蝕性氣體如二氧化碳(CO_2)或硫化氫(H_2S)等，這些氣體會腐蝕鑽柱，造成硫化氫脆化(hydrogen sulfide embrittlement)現象，補救措施是加強鑽柱強度如使用較貴的鋼質材料，或在鑽井液中加入化學試劑。

7. 異常高壓(Abnormal High Pressure)—井噴

井噴(blowout)是地層中流體或天然氣無法控制而噴出地面或流入井內其他地層的現象，天然氣噴出地面可能著火爆炸並燒毀鑽井設備(圖3.47)，因此非常危險。引起井噴的原因是未正確掌握地層壓力，所使用鑽井泥漿密度偏低，以致流體流入井內，而流入的流體與天然氣混合鑽井泥漿後使密度更降低，以至井底壓力更失平衡。井內壓力不平衡現象可藉鑽井液重量、溫度或電阻突然改變顯示於儀表，所以在鑽井作業過程中要嚴加監控這些儀表。

V. 鑽井的技術

現代鑽井主要的技術有以下幾種：

1. 直井鑽井技術：直井鑽井是鑽井限制於每100英呎(30公

尺)不偏差過3°(圖3.48)，整個鑽井維持在5°錐形範圍之內。早期鑽井遇到堅硬岩石如石灰岩的傾斜岩層，鑽井常至偏斜，現代鑽井應用一些防斜鑽具及糾斜技術，可以直井鑽井達到目標(target)。

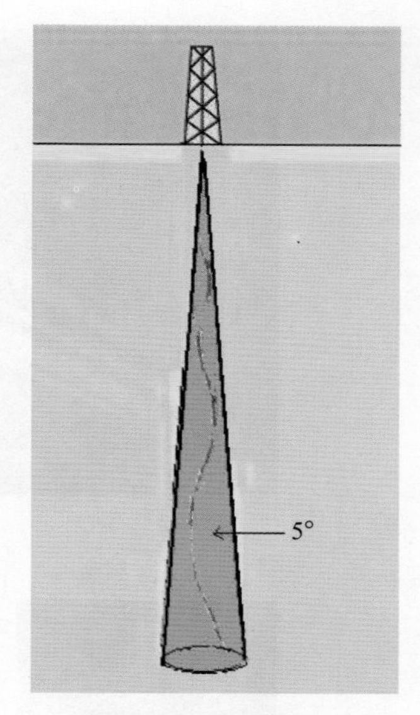

圖3.48：直井鑽井技術

2. 定向／偏斜鑽井技術：定向鑽井(Directional Drilling)，或稱偏斜鑽井(Deviation Drilling)，簡單說就是使用一些鑽井的裝配，讓向地下豎著打的井拐彎，或順著儲油層的方向斜著打井(圖3.49)。現代的定向鑽井，是使用一個旋轉導向系統(rotary steerable system，圖3.50A)，這

圖3.49：定向鑽井

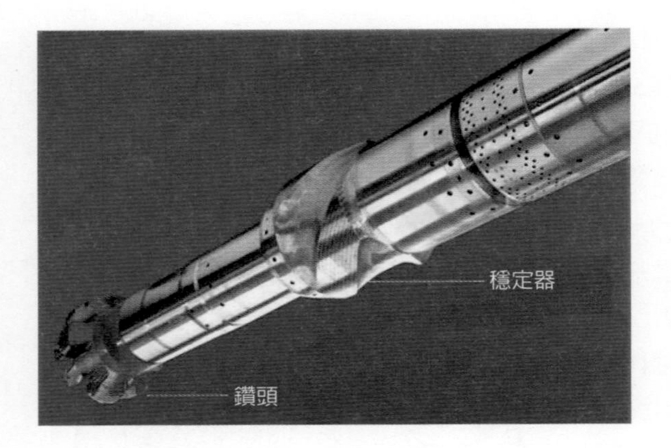

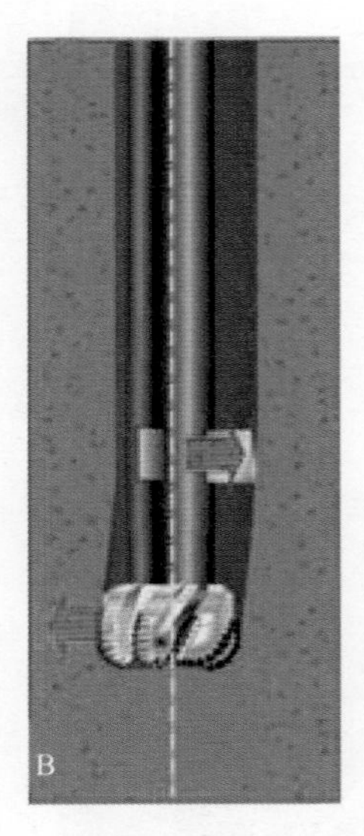

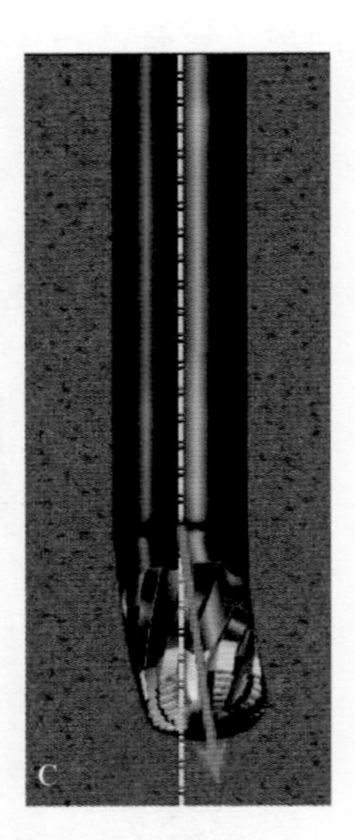

圖3.50：旋轉導向系統(A)，旋轉鑽井(B)，導向鑽井(C)

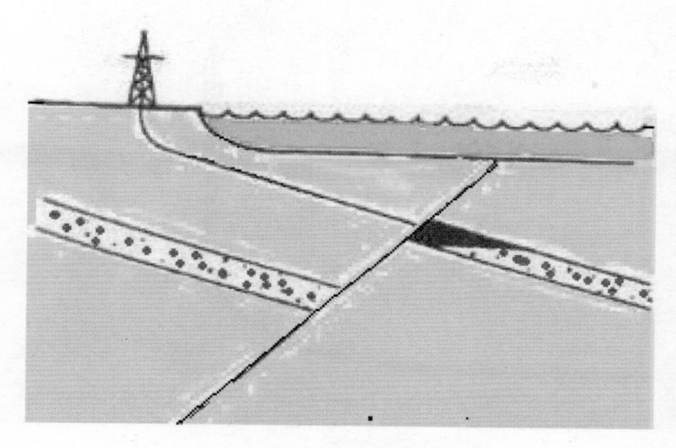

圖3.51：近海海域鑽井

個系統一面具有傳統的旋轉鑽井(圖3.50B)功能，一面在打鑽過程又可依設計的角度偏轉(圖3.50C)，使最終達到儲油層目標。

定向／偏斜鑽井特別對近海海域鑽探有幫助(圖3.51)，因為海上建立鑽井平台及運輸設備費用均極其昂貴，開採成本很高，使用定向/偏斜鑽井技術可從陸地朝儲油層目標打鑽，可節省相當鑽井成本，全球最遠的的水平延伸(horizontal reach)，即儲油層目標到鑽井的水平距離，甚至超過6哩(10公里)。

3. 水平鑽井技術：水平鑽井(Horizontal Drilling)是定向鑽井的一個特例，當鑽井鑽到某一深度時再偏轉90°，使鑽井平行於儲油層的水平鑽井技術(圖3.52)，利用水平鑽井技術，我們可使一口油井同時開發二個不同深度的儲油層(圖3.53)。

4. 空氣與泡沫鑽井(Air and Form Drilling)：使用空氣鑽井(圖3.54)的主要目的是為了減少鑽井內的靜液壓力，因為空氣的比重最輕，因此使用空氣鑽井有下列好處：滲透速率超過其他鑽井液、遇到低壓地層較易維持壓力平衡使不致失去鑽井液、減少破壞地層到最低限度、延長鑽頭使用年限。泡沫鑽井與空

圖3.52：水平井鑽井技術

圖3.53：水平鑽井開發二個不同深度的儲油層

圖3.54：空氣鑽井照片

氣鑽井性質相同，泡沫與空氣都是較好的防漏鑽井液，適合於低壓裂縫性地層。

VI. 試井(Testing a well)

鑽井的完井工程通常花費極昂貴，因此在鑽井之後必須作精確的試井，才能了解地層的含油氣情況，並判斷此井是否能成為生產井而獲得利潤。圖片或電影裡面石油噴出井口那種噴油井(gusher)的鏡頭，都是早期繩索鑽井鑽具才有的現象，今日已不多見，現代的試井工作主要是藉著岩性(岩心)記錄、井測資料與井內岩石中的流體來測定。

(1)岩性記錄(Lithologic log)：

岩性記錄是藉岩心取樣而得，在鑽井過程中我們使用岩心鑽取裝置(Core Drilling equipment，圖3.55)，其前端為空心的取心鑽頭(Coring bit，圖3.56)可切斷部分岩塊，所取得岩心被保存

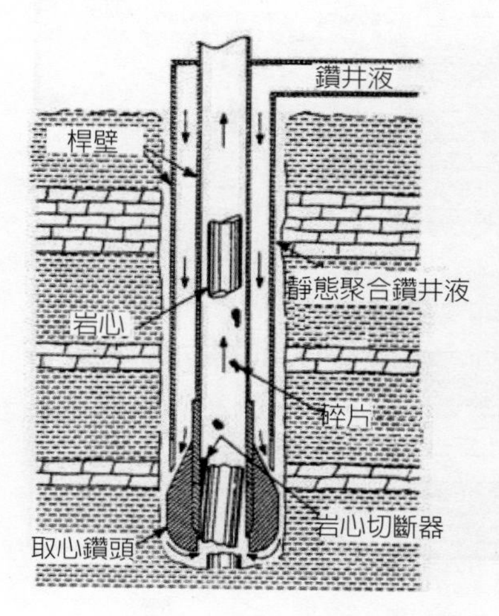

圖3.55：岩心鑽取裝置

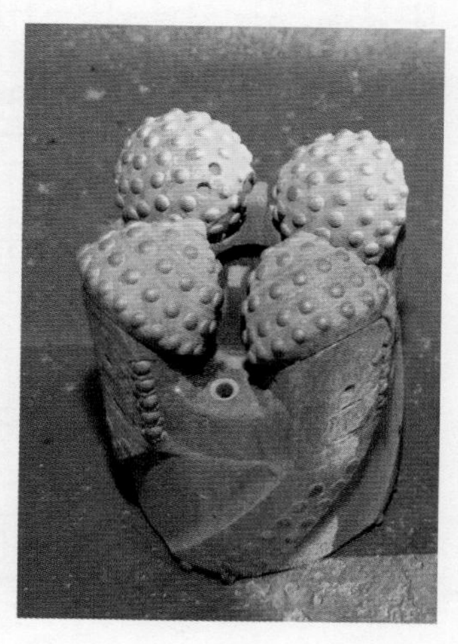

圖3.56：取心鑽頭(Coring bit)

於岩心筒(core barrel)中帶回地表，經過實驗室分析後我們得到各個地層岩心取樣(sample)的岩性紀錄，紀錄上除了以記號表示各個地層的岩性(圖3.57)外，也記錄了鑽井時間(速率)並鑽井泥

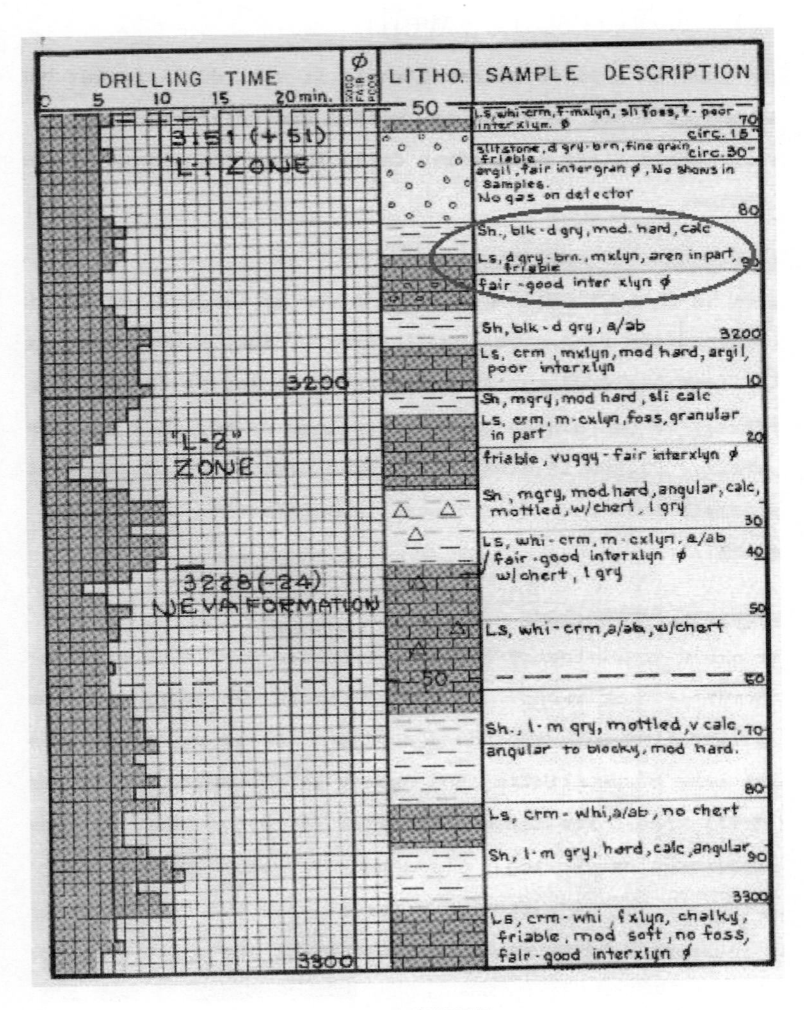

圖3.57：岩性記錄

漿紀錄(Mud Log)，這是地下岩層真實的記錄，提供最可靠資訊。

(2)電纜井測(wireline well logs)：

井測，也被稱為鑽井記錄，是地下地質構造的詳細記錄，在「井測與鑽井技術」一節中我們已經談過一些井測工作，石油地質學家根據井測所得岩層的電阻、電位差、聲速、放射線強度及其他物理性質，能夠換算岩層的諸般特性如孔隙度，滲透率，岩性等等，近一步評價油、氣的可能性。

在1980年代，一種新的「隨鑽井測」技術被推出，以往電纜井測工作都是應用於鑽井完工之後，當鑽井設備都清出，再用電纜將儀器放入井中進行測量。然而，在某些情況下，如井的斜度太大或甚至水平，用電纜很難將儀器放入；另外，當井壁狀況不好易發生坍塌或堵塞區段也難取得井測資料。此外鑽井完工之後再進行井測，地層的各種參數值可能與鑽井前有所差異。隨鑽井測技術是把井測儀器放在鑽鋌內，一面鑽井一面取得地層的各種資料，因此所獲得的地層參數值比較接近地層的原始狀態。

(3) 鑽桿測試(Drill stem tests)：

鑽桿測試(Drill Stem Test, DST)：是使用鑽桿或油管把帶著封隔器的地層測試器(Drill Stem)下入井中，進行試油(氣)的一種先進技術。在我們感興趣的一段岩層上下方裝置封隔器(圖3.59)，其中有孔眼使岩層中的流體能夠流入鑽柱(圖3.58)，如此可測量岩層的壓力與滲透率並蒐集岩層中流體的樣本。鑽桿測試通常是在勘探井中進行，它可以在已下入套管也可在未下入套管的井中進行測試，經過試油(氣)的工作，我們得以取得油(氣)的產量、壓力與油、氣及水等性質的資料，因此是決定鑽井有無油氣藏的重要關鍵。

圖3.58：鑽桿測試

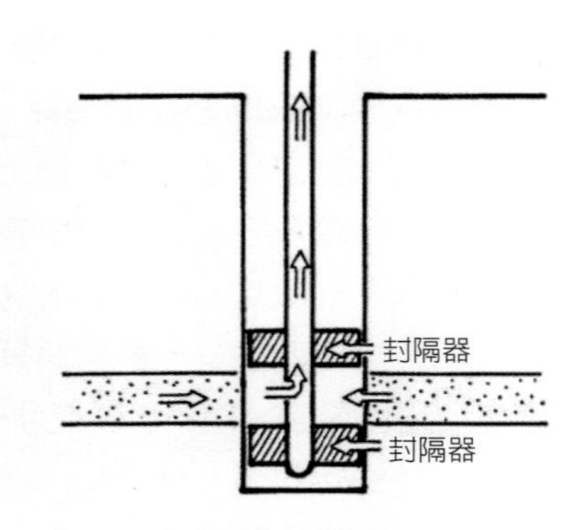

圖3.59：帶封隔器的地層測試器

VII. 完井(Completing a well)

當鑽井作業和試井工作已經完成，結果也經過分析，公司管理階層便面臨決策：是否完成這井使成為生產井(producing well)，或者掩埋它成為乾井(dry hole)。如果沒有明顯證據顯示石油和天然氣的存在，或者它們存在的數量不夠充分構成一個有淨利的投資，這口井就可能被掩埋並棄置成為乾井，反之如果證據顯示石油或天然氣存在有足夠數量並有相當利益可圖，就可能被完成為生產井。

如果井測數據顯示此井有商業生產價值，該口井就需要完成(completion)，也就是所謂完井，在井中下入生產套管(production casing)並用水泥固定。完井的品質直接影響鑽井的效益，也確保油氣藏不受破壞，因此是鑽井作業中極重要部分，今將完井作業的細節敘述於下：

(1) 固井(Casing)：

固井作業是鑽井達到預定深度後，下入套管(圖3.60)並灌入水泥，把套管固定在井壁上，避免井壁坍塌的作業。固井作

圖3.60：下套管作業

業的套管是將許多根鋼管相互旋緊，每根鋼管從5公尺至13公尺寬(一般為10公尺)，直徑從11.5公分至91.5公分(一般從14公分至35公分)(圖3.61)。固井的主要目的是封隔疏鬆的易塌或易漏地層；封隔油、氣及水層，使它們不至互相竄漏。固井作業的主要設備有水泥車、下灰罐車、混合漏斗和其他附屬設備等(圖3.62)。

(2)井底完井(Bottom-Hole Completions)：

井底完井是鑽井工程的最後重要環節，在下套管及灌入水泥固井至生產層頂部後，須進一步鑽開生產層完井，根據生產

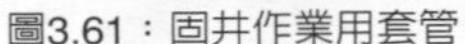

圖3.61：固井作業用套管

圖3.62：固井灌水泥作業

層地質特性的不同，須採用不同的完井方法：

①射孔完井(perforated liner completion)：生產層以上部份固井後，置入井底一個專門工具稱為「射孔槍」(perforating gun)，再射穿套管和水泥環一些洞孔，在洞孔和儲油層間造成通道，使油氣能從地層流通到生產套管(圖3.63)。

②裸眼完井(Open-hole completion)：是套管下至生產層頂部進行固井，再鑽過生產層但使井的底部裸露的完井方法(圖3.64)。此法多用於碳酸鹽岩、硬砂岩和膠結較好的岩層，其優點是生產層裸露面積大，油氣流入井內的阻力小，並可減少固井的成本，但不適用於較軟的岩層，以免岩層坍塌入井。

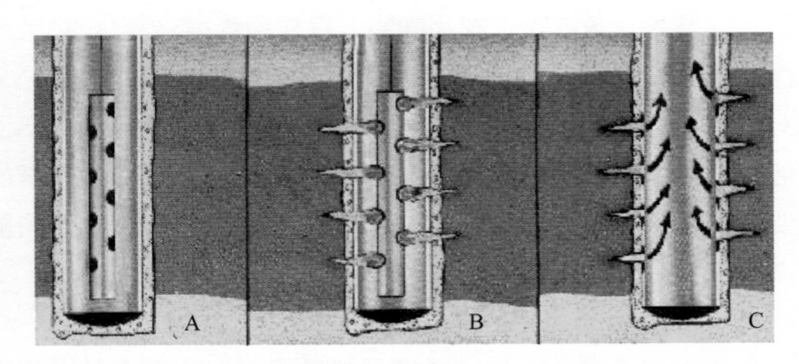

圖3.63：射孔完井：(A)置入射孔槍(B)射穿套管和水泥環(C)油氣流通到生產套管

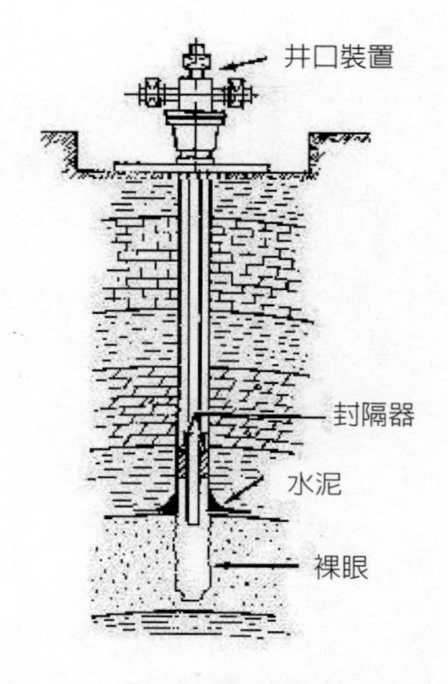

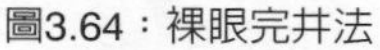
圖3.64：裸眼完井法

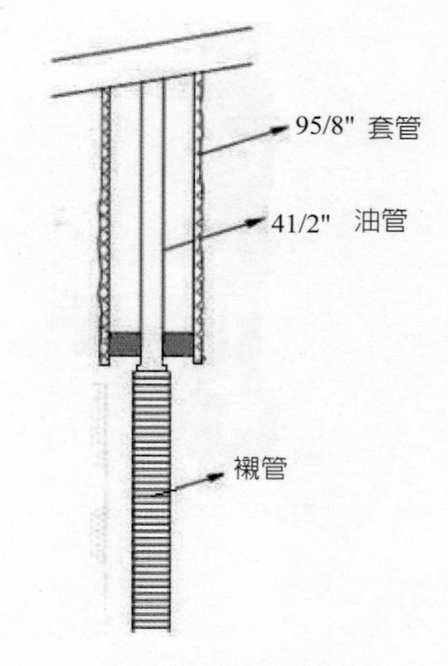

圖3.65：襯管完井

③襯管完井(Liner Completion)：即把油層套管下至生產層頂部進行固井，然後鑽開生產層，下入帶孔眼的襯管進行生產(圖3.65)，此種完井法具有防砂作用。

④礫石充填完井(Gravel Pack Completion)：如果生產層由許多未固結的砂石所組成，為了避免砂石坍塌入井，可用擴孔器(underreamer，圖3.66)先鑽開生產層下入襯管，然後在襯管和井壁之間充填一定尺寸和數量的礫石，此法稱為礫石充填完井(圖3.67)。

(3) 油管裝置(Tubing)：

在上圖礫石充填完井中可看出，在其套管中另裝有油管。油管是油田油(氣，水)井開發的專用管材，主要用於採取井中的油、氣及水，並通過油管導出井外。油管的口徑從1.25英吋至4.5英吋(3至11.5公分)，長度30英呎(10公尺)(圖3.68)。油管的作用是為了當油、氣及水長期流通而腐蝕管壁時方便更換，因為

圖3.66：擴孔器

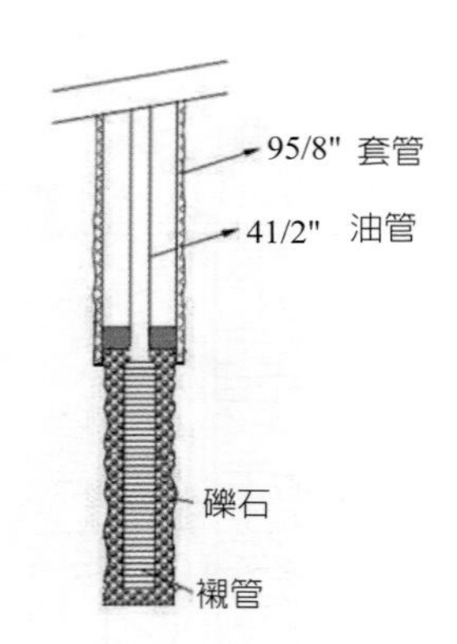

圖3.67：礫石充填完井

圖3.68：油管

圖3.69：聖誕樹

套管都以水泥固定於井壁，要更換套管作業非常困難，反之更換油管只須抽取腐蝕段更換即可，作業非常方便。

(4)井口裝置(Surface Equipment)：

完井井口裝置叫作聖誕樹(Christmas tree，圖3.69)或生產樹(production tree)，在完井後，須在地表設有控制油氣流出的裝置。一般氣井的天然氣會自動流到地表，少數的油井的油亦然，因此須在地表裝置一些鋼管、閥門、量表及配件等，以控制油氣的流出，這個裝置裝在井口處，外型如樹故稱為聖誕樹。

(5) 桿抽油系統(Rod-Pumping System)：

油層中液體能自動流到地表的畢竟是少數，大多數油層中液體都要藉人工舉升(artificial lift)方式來開採石油，即令前者當生產一段時間後儲油層的壓力降低，也須靠汲取方式抽取石油，此時地表聖誕樹裝置將被移除，改以人工舉升系統，其中最常見的就是抽油桿唧筒(sucker-rod pump)，或稱為桿抽油系統(圖3.70)，桿抽油系統的地下結構見圖3.71。

VIII. 海域鑽探

近年來海域探勘及鑽井盛行，因為陸上可能儲油地區都已做過詳盡的探勘與開發，新的油田已不多發現，故漸轉往海域探勘及開採。海域探勘、鑽井及開採原則上與陸地相同，但海域的探勘、鑽井、開採(圖3.72)及運輸均較陸上昂貴，因此生產

圖3.70：桿抽油系統

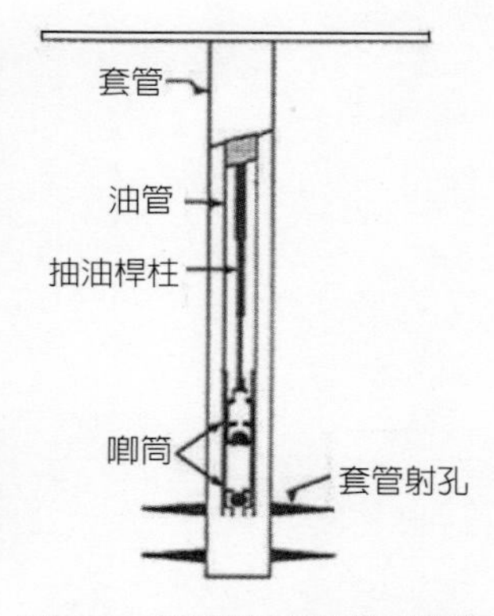

圖3.71：桿抽油系統的地下結構

圖3.72：海上鑽井平台及作業

成本較高。海域探勘、鑽井及開採的細節因限於篇幅，這裡不多敘述。

第三章問題

1. 地表油氣的顯示有那些類型？
2. 為什麼探勘的第一步就是要作地面地質探勘？
3. 如何作井測？它的重要性為何？
4. 如何操作地球化學探勘？
5. 地球物理探勘的方法有那些？
6. 何謂折射震測？折射震測如何求得地下構造？
7. 何謂反射震測？反射震測如何求得地下構造？
8. 何謂共深點炸射？請問六重合代表什麼意義？
9. 震測資料處理中為何要作垂直隔距時差修正(NMO)？
10. 請解釋震測資料處理中的解迴旋步驟。
11. 請解釋震測資料處理中的移位處理步驟。
12. 鑽井前的預備工作有那些？
13. 一個現代化的旋轉鑽井設備由那些獨立的系統構成？
14. 鑽井所使用的泥漿與鑽井的成敗有何關係？
15. 鑽井常遇到那些問題？如何處理？
16. 現代鑽井主要的技術有那些？
17. 何謂試井？現代試井的工作有那些？
18. 何謂完井？完井的工作有那些？
19. 根據生產層地質特性的不同，井底完井的方法有那些？

第4章

石油產量高峰

4.1 前言

「The world oil production peak, we assume, will be a turning point in human history.」(坎貝爾，Colin J. Campbell)

二十世紀科技的快速發展與進步，其實都是受惠於廉價的石油，所有今日生活所需，諸如糧食生產、交通運輸、建築材料、生活用品、甚至如電腦網路等高科技產品，處處事事可說都由能源來驅動，今天我們已經很難想像，一旦失去帶動這一切機制的能源時，現代人類生活方式會成為什麼樣子。不錯，人口膨脹、糧食短缺、全球暖化、氣候變遷等等，都是人類在二十一世紀急待解決的難題，但這些都沒有能源危機問題的解決來的迫切，因為其他問題都可能還可以拖到明天再解決，但能源危機問題卻是已經迫在眉睫。石油時代即將要結束，替代能源卻還未預備好登上舞台，自2000年始，油價已經上漲了四倍以上，從每桶二十幾元高飆到2008年每桶超過147美元。2008年9月起金融海嘯暴發，全球經濟衰退暫緩了這個上漲趨勢，但是問題並沒有解決，一旦景氣復甦油價仍要大漲。全球經濟衰退期間除外，正常情況下全球原油的需求每年以2%的速率穩定的成長，亞洲國家經濟強勁的發展更加深對原油的需求，但產油國所能供給原油的數量卻漸漸衰減，根據美國能源署(EIA)報告，全球石油供給自2005年之高峰後每日減少約一百萬桶，全球能源供需的失調因此隱含著一個極大的危機。 如第一章中所述，如果能源危機問題不能圓滿解決，全球經濟隱藏著極大不穩定因素，能源爭奪戰有可能以任何形式發生。但是到底能源的問題在那裡呢？未來的世界會是怎麼樣？要回答這些問題之前，我們需要先來了解石油地質學者所提出的「石油產量高峰」的理論。我們若了解石油產量高峰的重要性，我們便會同意本章篇首所引述石油地質學家坎貝爾的觀點：「全球石油產量高峰將是人類歷史的轉戾點」。

4.2 石油產量高峰—哈伯特理論

所謂石油產量高峰，是指油田的產量隨著開採年齡成鐘形曲線變化，在高峰處以後產量即開始下降，不能隨意的增產(圖4.1)。全球石油發生嚴重短缺，不需要等到最後一天當全球石油儲藏全部耗盡時才發生，事實上只要石油產量一過高峰就將要發生，我們所以對全球能源危機問題非常敏感緊張，就是因為有許多證據顯示，全球目前可能已達到或過了這個石油產量高峰，因此我們可能已進入一個長期的能源危機。以下是有關這個石油產量高峰理論的詳述，包括它理論的源起、理論的根據並它所代表的意義，從這些我們盼能掌握能源危機問題的本質並從而了解其問題的嚴重性。

石油產量高峰的理論，首先由殼牌石油公司研究員哈伯特(M. King Hubbert)於1956年提出，他根據他個人的經驗並與許

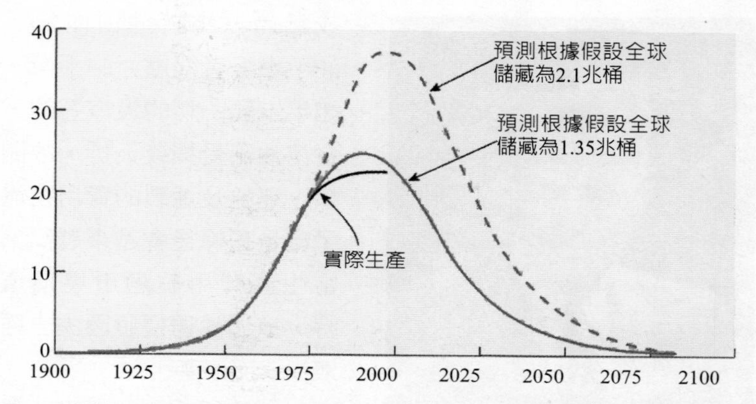

圖4.1：殼牌石油公司研究員 M. King Hubbert 於1956 年預測石油產量高峰並於1970年代再修正預測。

多地區生產量的資料，歸納出一個結論，即所有化石能源的生產，不管是煤、石油或天然氣，都遵循一個簡單的規律，即每個生產曲線均開始於緩慢地，然後轉為較為急劇的上升，直到一個轉折點，當到達此轉折點後，生產量即開始下降，形成一個凸面向上的鐘形曲線。根據這一個現象，哈伯特預測美國石油產量將在大約1970年左右達到高峰，以後便會日走下坡。哈伯特之後在1970年代又根據新增資料作了一些修正並更新他的預測，因為是哈伯特首先提出這個產量高峰的理論，因此石油產量高峰又被稱為哈伯特高峰。

油田的產量所以會隨著開採年齡有這樣一個規律性變化，是因為在油田開採初期，所抽取的都是容易開採的石油，其油井多在陸域、接近地表所以容易唧出，比重輕、含硫量低所以容易煉製，因此產量能迅速提升。但隨著油田的老化，當產量達到頂峰後，要再抽取餘剩的另一半儲油會比初期困難很多，因油井多採在海域，開採及運輸費用高且受到環保限制；此外儲油層一般較深不易唧出，工程上也要非常小心，須不斷灌水

圖4.2：哈伯特照片

或氣體以維持油田內氣、油、水三者間壓力的平衡，如果不顧一切的汲取石油，會使油田受損或夭折，故開採、運輸及煉製的費用在過了產量頂峰後會越來越高，當生產費用超過市場價值時，這個油田便將因失去經濟價值而停產。

哈伯特(圖4.2)於1903年生於美國德州，獲芝加哥大學地質學博士學位後執教於哥倫比亞大學地球物理系7年，1943年轉至殼牌石油公司研究中心工作達25年，直至達殼牌公司退休年齡。退休後他加入了美國地質學會並偶而在史丹福大學兼課。1956年當美國石油業正如日中天，堪稱全球最大石油輸出國時，哈伯特不顧石油界的反對，在美國石油學會的會議上公布他的研究成果，預言美國石油產量將在大約1970年前後達到高峰，以後便會漸漸減產。圖4.3是出自哈伯特1956年論文的原稿，圖中明白標示出美國石油產量高峰將在1970年左右發生。

當哈伯特首次提出他的石油產量高峰理論時，遭到石油界與學術界許多的反對，幾乎無人相信他的預測。各種反對論調出自不同動機，有些批評是出於情緒的反應，已經佔有市場的各大石油公司顯然不希望聽到石油業前景悲哀的論調；有些批評則是出於謹慎，因為過去也曾有過假先知說過類似預言；也有不少人純粹是不信，把哈伯特的理論視為「狼來了」的笑話。然而，哈伯特的預言終於「不幸的」應驗了。1970年美國

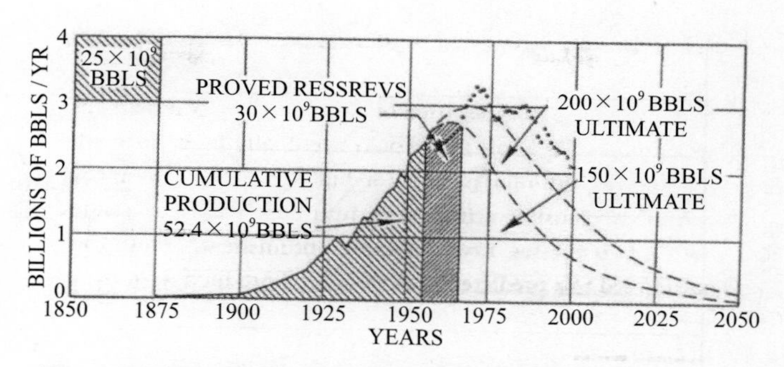

圖4.3：哈伯特在1956年預測，美國石油產量將在1970年代達到高峰

石油產量果然如哈伯特所預言的達到高峰，在高峰期的產量日產高達940萬桶。在此之後，不管探勘與開採技術都是先進的美國石油業，竟然回天乏術，產量逐漸下降，雖然1960年代阿拉斯加州發現石油，並於1970年開採，使美國石油暫時增產了幾年，但也不能力挽狂瀾，並且阿拉斯加油田在1988年也達到該區域的產量高峰，因此美國國內產油量日漸下降，從1971年高峰期每日產量近一千萬桶下滑到2008年日產量低於五百萬桶(圖4.4)，這些事實擺在眼前，使石油界不得不接受哈伯特的理論。

哈伯特除了預測美國石油產量的衰減，也預測了全球石油產量高峰，在1974年國際地理雜誌一篇題目為「石油一正在衰退的產業」文章中，哈伯特這樣寫到「石油的末期已是在所見範圍了，……如果照目前的趨勢繼續，世界石油產量高峰將在大約1995年左右來到，也就是石油的替代能源必須取代石油的截止日期。」由於當時他能掌握的世界石油蘊藏量資料有限，而且不完全準確，因此所得到的高峰數值估計將在1990至2000年之間。哈伯特也預測了全球石油儲藏將於2050年代耗盡(圖4.1)。雖然哈伯特的估計數字與實際有些出入，因為之後陸續有新的油田發現，而且世界經濟的發展與對石油的需求也不是他

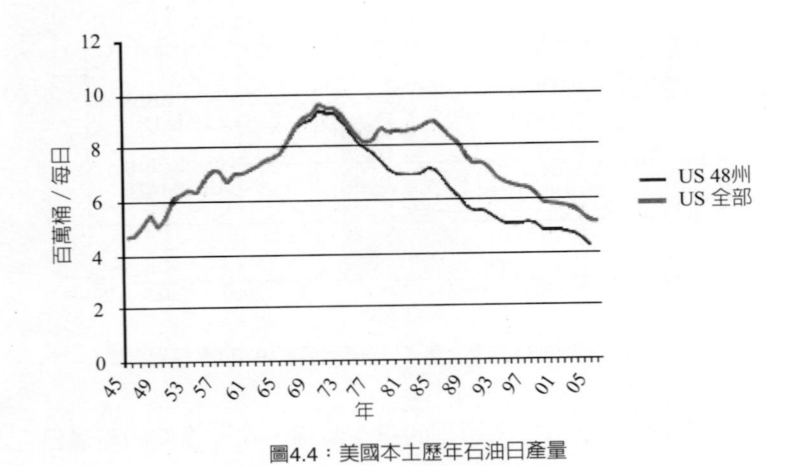

圖4.4：美國本土歷年石油日產量

於早期所能預見，但他的石油產量高峰理論卻是完全正確的。

石油產量高峰的理論，不僅適用於單個油井、油田，也適用於一個區域、國家或全球。不僅個別的油井產量會達到高峰，一個區域的石油總產量也有高峰(圖4.5)，它是該區所有油井產量的總和。雖然哈伯特預測一個地區石油產量隨著開採年齡呈鐘形曲線變化，但並非所有地區均呈清楚的鐘型變化，因各地區的地質條件、經濟與政治因素均各有差異，但哈伯特曲線仍是預測各地石油產量及分析經濟成長一個有利工具。例如在1970年左右美國石油產量達到高峰而開始減產，導致了美國及全球第一次的能源危機，使美國開始進口石油的政策。又如英國在1960年代經濟嚴重衰退，因發現北海油田之賜而經濟再度起飛，北海油田於1999年產量達到高峰，英國經濟也受到牽連。

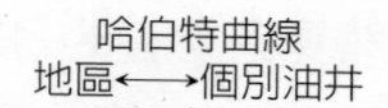

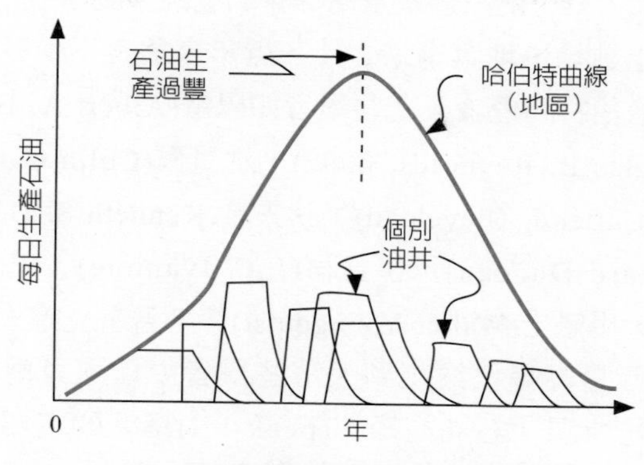

圖4.5：個別油井與地區油井的哈伯特曲線

4.3 哈伯特理論的後續研究者

哈伯特在1989年去世，因此無法繼續修正他的預測，由於他在世時所能掌握的全球石油蘊藏量資料仍不盡全，因此哈伯特之後有一些地質學家繼續對哈伯特理論作修正與驗證。約在1997-1998年期間，有一些地質學家，如哈特非(Hatfield, C.B., 1997)，凱爾(Kerr, R.A., 1998)，坎貝爾(Campbell, C. A.)與拉和芮(Laherrere, 1998)等均運用哈伯特的分析方法從新檢驗全球石油生產這個問題，結果他們都得到大致相同的結論，即全球石油生產將在2004年與2008年之間達到頂峰，這些分析分別發表在「自然」(Nature)、「科學」(Science)與「科學美國人」(Scientific American)等重要科學刊物上。雖然這些結論並沒有受到各國政府領導人物的注意，如同哈伯特當年所遭遇的，但倘若這些預測是準確的，根據我們前面的分析，全球經濟在

2004年與2008年之後必然受到厲害的考驗，從這幾年全球經濟的動盪看來，有可能石油產量高峰真的已經來到了。

除了上述幾位地質學家之外，近年來還有不少石油地質學家也支持哈伯特的理論，這些學者如巴雷(Albert A. Bartlett)，雷諾(Douglas B. Reynolds, 2002)，坎貝爾(Colin Campbell)，克里夫蘭(Cutler J. Cleveland)，狄夫業(Kenneth S. Deffeyes)，鄧肯(Richard Duncan)，伊凡荷(L.F. Ivanhoe)，史溫生(Ron Swenson)，楊魁士(Walter Youngquist)等都著書立說大聲疾呼，倡言石油產量高峰已經來到。這些學者中以坎貝爾的影響力最大，他是所謂「石油高峰」(peak-oil)學派的主要人物。坎貝爾創立的「石油高峰學會」(The Association for the Study of Peak Oil and Gas, ASPO)目前在11個國家有分會和許多會員。坎貝爾的著述甚豐，例如「即將來臨的石油危機」(The Coming Oil Crisis)、「廉價石油的結束」(The End of Cheap Oil)、「高峰石油：人類歷史的轉戾點」(PEAK OIL: A TURNING FOR MANKIND)、「石油用盡的震盪」(The last oil shock)。坎貝爾的許多文章均在網站內可找到，讀者不妨上網讀讀坎貝爾的一些觀點。

坎貝爾於1931年生於德國柏林，1957年取得英國牛津大學博士學位後，加入英國石油公司(BP)作探勘地質學研究，在石油業服務三十年期間足跡走遍全球各地，也曾經受到挪威政府的資助研究全球石油總存量。坎貝爾詳細分析過各產油國的石油資料後，發現結果都與哈伯特的理論相符。1991年他發表研究成果：全球石油高峰約在1995年左右來臨。之後他使用不同資料，多次重複計算，並修正全球石油高峰約在2007年左右。坎貝爾曾發表許多文章及學術演講，在這些文章與演講中都顯示一致的悲觀論調，以致華爾街日報稱他為「災難預言者」

(doomsayer)。坎貝爾對未來石油枯竭後的世界是深為憂心的，如本章篇首所引述他的一段話：「全球石油產量高峰將是人類歷史的轉戾點」。坎貝爾認為20世紀的經濟繁榮全是由廉價石油所帶動的，人類享受石油為主要能源，就好比每個人都發了財養了許多廉價奴工代替他的勞役，但是現在這些奴工都老了，沒有他們的代勞，以後的日子將怎麼過呢？

4.4 石油產量高峰的理論根據

哈伯特產量高峰的理論根據，是取自石油儲量的有限性，這裡我們權且摘取哈伯特1956年原文裡的部分內容，來說明哈伯特的理論。任何化石燃料，包括煤，油頁岩，瀝青砂石，石油和天然氣等，都是來自植物和動物的遺骸，經過漫長的地質時間，從過去寒武紀(五億七千萬年前)至今，經過物理和化學變化變質而成。雖然相同的地質過程仍在執行，但在未來數千年內，所形成新的化石燃料將非常有限，因此這些能源被稱為非再生能源。相較之下太陽能、潮汐力、地熱、生質能源等都是取之不盡，用之不竭的能源，因此被稱為再生能源。在整個人類歷史上，直到大約13世紀英國發現煤的使用為止，所使用的都是再生能源，13世紀起直到今日，特別是18至21世紀，人類進化使用能源方式，多取用非再生能源。

哈伯特根據上述能源的產生方式作圖4.6，得到三種不同類型的曲線，它們是(i)無限指數增長曲線(ii)再生能源生產曲線(iii)非再生能源生產曲線。第一種曲線為自然增長曲線，例如人口的增長、放射性物質衰變等，都呈類似性質的曲線。第二種為再生能源的生產曲線，開始時因需求之故產量快速增長，但在一段時期後產量後即趨近於穩定數值，此時起供給等於需

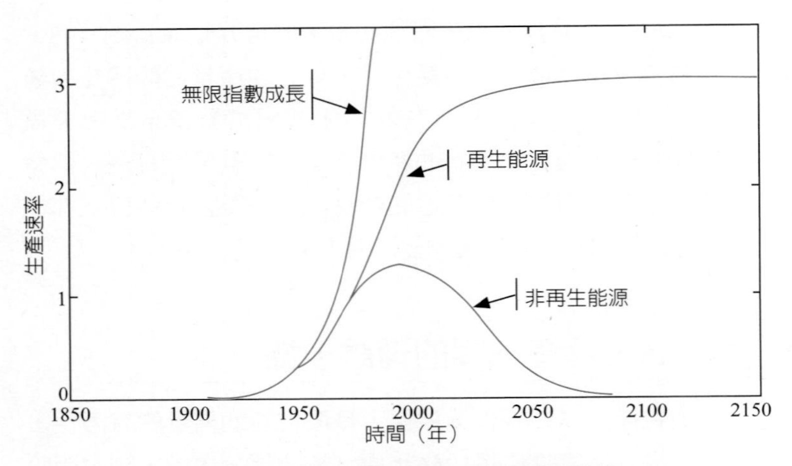

圖4.6：能源產生方式可能的三種不同類型曲線

求。在數學上此曲線稱為Error Function，例如地熱隨深度分布即為類似曲線。第三種為非再生能源生產曲線，在圖形上開始時如同第二種曲線快速增長，但在達顛峰時即開始減產，此時即使需求仍在但產量逐漸下降，這是由於自然界資源的有限性，外界的需求也不能改變這個特性。在數學上這個曲線稱為鐘型常態分布曲線，也是自然界常見的一種分配曲線。

根據上述有限資源產量曲線呈鐘型變化特性，哈伯特研究了許多實例，它們都證實哈伯特的理論，如美國俄亥俄州的石油生產在1896年，伊利諾斯州石油生產在1940年，德州的石油與天然氣生產在1952年，紛紛達到產量高峰，從那時起，產量即開始緩緩下降。此外哈伯特也對美國的煤礦(圖4.7)、油頁岩、與放射性元素生產作了研究，它們也都印證了自然界有限資源產量達於峰頂即開始下降的事實。

根據這個產量在峰頂達到最高值然後下降的理論，哈伯特開始對美國石油產量高峰作預測，根據美國當時已經證實的儲

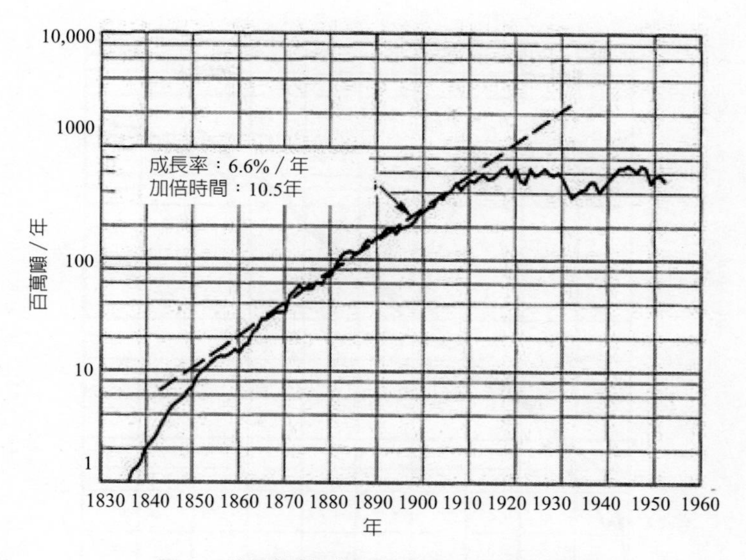

圖4.7：美國煤礦年產量的半對數圖(縱軸取對數值)

油及生產，他預測美國在1965年左右達到峰頂，最高年產量為150億桶。此後在另篇文章中，哈伯特也對全球產量高峰作了預測，預測全球產量高峰將在公元兩千年左右。

上述三種不同類型的曲線，無論是無限指數成長曲線、再生能源生產曲線或非再生能源生產曲線，都是一種指數形的函數變化；因此若作半對數圖，即取每年生產量之對數值，對時間來作圖，所作半對數圖曲線的變化更容易表示生產量成長的速率(rate of growth)。在許多的個案中經如此作圖後，大多顯示出生產量呈幾年間倍增的成長，因此半對數曲線之斜率大多均趨近直線，但這種趨勢是不可能一直繼續的，因為自然資源有限，石油生產量不可能無限度的成長，因此最終曲線會背離直線而開始轉折(亦即產量開始減產)。例如圖4.8為美國歷年生產

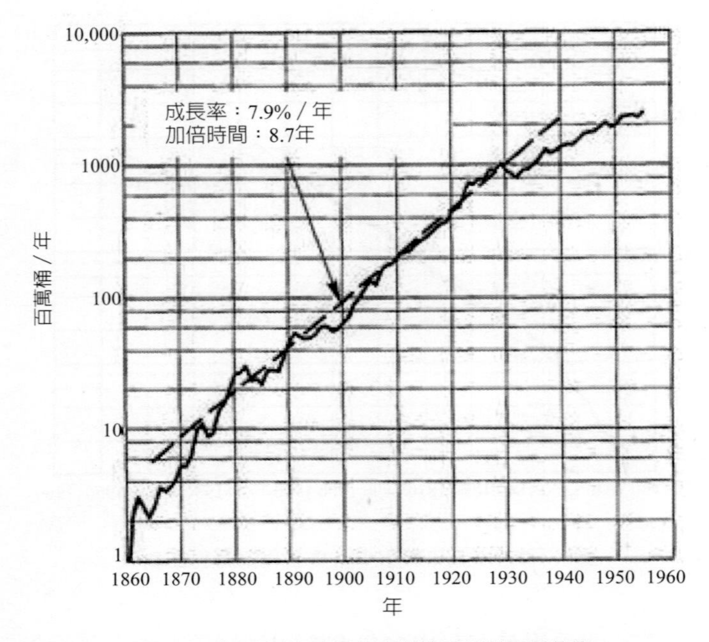

圖4.8：美國原油年產量的半對數圖(縱軸取對數值)

的原油作半對數圖，該曲線接近一條直線，直到1930年，然後轉折急劇下降。

曾和哈伯特在殼牌石油公司的同事過的狄夫業(Kenneth S. Deffeyes)先生，在2001與2005年分別寫了「Hubbert's Peak」與「Beyond Oil」兩書，對哈伯特的理論作了一些詮釋，此處節錄「Beyond Oil」一書第三章的部分理論，書中作者用了一些簡單的代數公式，使哈伯特產量高峰的理論更容易被人了解。

狄夫業所作的數學分析，是仿照哈伯特的作法(1982)，取原油年生產量(P)除以歷年累進生產量值(Q)作為變數，對歷年累進生產量值(Q)作圖，如圖4.9中所作，縱軸變數為(P/Q)，橫軸變數為Q。圖4.9資料取自美國歷年來石油的生產量值，圖

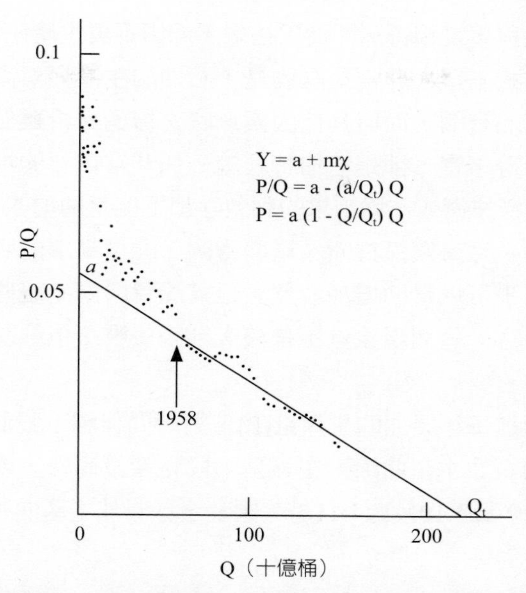

圖4.9：以美國歷年石油生產，以(P/Q)對Q作圖，P為原油年生產量，Q為歷年累進生產量。

圖片來源：Kenneth S. Deffeyes, Beyond Oil, Hill and Wang 1st Ed.

中顯示在1958年以後，P/Q對Q關係趨近於一直線，此直線相交縱軸於截距a，a = 0.0536，即5.36%。直線交水平軸於Q_t，Q_t = 0.228兆億桶，是美國歷年所能生產石油的總和。將此直線以a, Q_t表示，得關係式$P/Q = a-(a/ Q_t)Q$將此關係式整理可得$P = a(1-Q/ Q_t)Q$

上式的意義是說，每年原油的生產量(P)是與剩餘的儲油成正比，因為(Q/Q_t)代表已經開採的石油佔全部總儲油的百分比，故$(1-Q/Q_t)$就是餘剩儲油所佔總儲油比例。這如同池塘裡每天能夠釣上來的魚，只與池塘裡剩下的魚數量成正比，而與釣魚者的技術無關。曲線終點處為$Q = Q_t$，此時公式括號內值為0，故

P = 0，此與事實相符，即油田枯竭，油田不再生產任何石油。

上述式子讓人非常驚訝的是，石油的生產只與尚未被取用餘剩的儲油有關，而與其他因素無關。這個分析雖然是基於觀測結果所得事實，卻是哈伯特理論一個非常重要的推論，新的探勘與鑽探技術或市場需求的刺激等都不能幫助增產，例如3-D震測探勘、深海鑽探技術、電腦繪圖、油價高漲的刺激等因素表面上似乎可以幫助增加產量，但實際資料顯示這些卻無助於生產量多寡，這個現象豈不是讓人很困擾嗎？但經驗顯示事實正是如此。

將上述每年原油的生產量(P)值對時間作圖，我們即可看出呈鐘型的石油生產曲線，在鐘型中段是產量高峰，之後產量即逐漸下降，圖4.10及圖4.11是美國及全球原油生產曲線預估，都

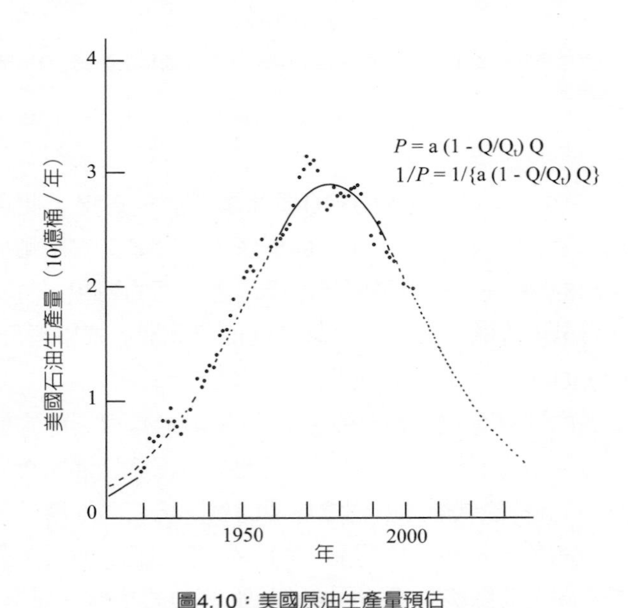

圖4.10：美國原油生產量預估

圖片來源：Kenneth S. Deffeyes, Beyond Oil, Hill and Wang 1st Ed.

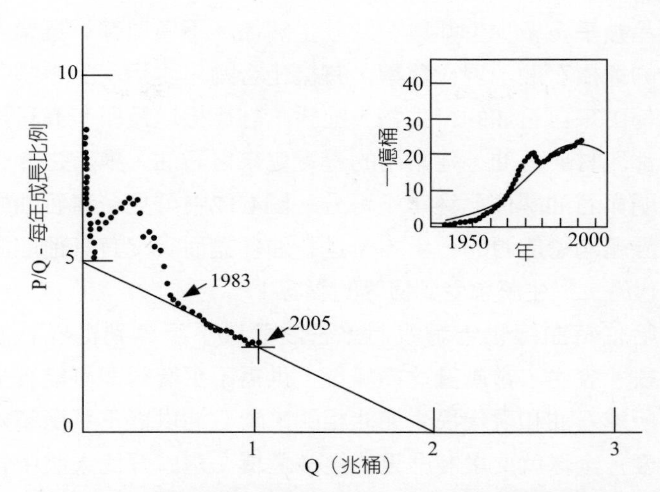

圖4.11：全球原油生產P/Q對Q作圖，及所作全球原油產量預估(右上)

圖片來源：Kenneth S. Deffeyes, Beyond Oil, Hill and Wang 1st Ed.

證實哈伯特的理論。

狄夫業根據上述數學的演繹，得到美國的產油曲線(圖4.10)。同樣方法運用至全球的數據，他得到全球產量高峰在2005年或2006年1月。即使北極海(動物保護區)蘊藏石油准許被開採，那也是2008或2009年以後的事。換言之，根據狄夫業的推算，全球可能已過了產量高峰，亦即全球可能已進入了一個長期的石油產量逐年遞減危機。

4.5 石油產量高峰的意義

全球石油產量高峰所傳達的信息，並非全球石油儲藏已經耗盡，卻是廉價石油時代的結束，原為買方的市場將改為賣方的市場，從此石油輸出國家可以予取予求，因為低油價的時代已經過去。因為石油和民生的關係是如此密切，所有現代科技的產品幾乎多多少少都與石油發生關係，不僅運輸、農業倚賴充分的廉價石油，現代醫藥、有機化合物、生活用品、國防等等也都由來自石油的衍生物，塑膠、計算機以及所有高科技產品全都取材於石油，建築用的瀝青也來自石油，換言之今天科技文明與石油關係已經牢不可分。圖4.12中可見台灣石油的倚賴已經超過總能源的一半，一旦石油耗盡而又沒有其他能源可以替代時，民生將會受到何等的影響！

哈伯特曲線也告訴我們，石油危機不須等到世界石油儲藏耗盡才發生，當產量達高峰後，供需不平衡時即可能發生，如前所述石油和現代民生如此相關，當石油供需不平衡超過某一限度，全球就要爆發嚴重的經濟危機。這就好比人體中含水70%，但不需要等到人體完全失水時才會發生問題，只要人體缺水超過10-15%以上，人體即可能因脫水而發生休克。1973年發生的第一次全球性的能源危機就是一個例證，當時阿拉伯國家部份減產致使市場原油供給下降5%，市場物價便上漲了二

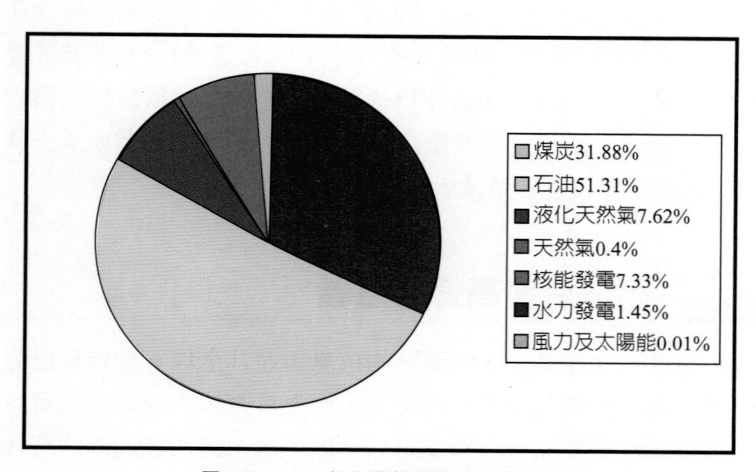

圖4.12：2005年台灣各種能源供給比例

倍，因此我們很難想像當石油供需相差懸殊時，全球經濟會受到如何厲害的衝擊。經濟學家估計全球經濟目前以每年2%的速率穩定成長，而全球石油產量在2006年高峰期後逐年下降，因此供給與需求間差距只會越來越大，2008年全球雖遭遇經濟衰退，但一旦景氣復甦石油又將恢復強逕需求，預期2010年代石油供需差距會非常明顯，除非替代能源能馬上取代供給之不足，不然能源的匱乏將越來越嚴重，全球將陷入嚴重的能源危機。

4.6 石油產量高峰的例證

石油產量高峰理論在許多地區都已得到驗證，在全球65個石油生產國中，有58個國家已經過了石油產量高峰而開始減產，其中比較值得一提的有以下諸例證：

1. 美國石油生產：70年代高峰期日產940萬桶，現日產僅剩500萬桶左右。第一次全球性的能源危機原因，固然是因為阿拉伯國家採取石油禁運手段表示對西方國家支持以色列的不滿，但主要是因美國石油生產已過產量高峰，不能增產以應付市場的需求。

2. 阿拉斯加油田：1988年達高峰，高峰期日產202萬桶(圖4.13)。

3. 英國北海油田：1999年達高峰(圖4.14)，之後開始減產。

4. 中國大慶油田：1995年達高峰，之後以每年2.2%速率減產(圖4.15)。(大慶油田是中國第一大油田，位於黑龍江省大慶市。)

5. 印尼石油生產於1997年達高峰。

6. 委內瑞拉石油生產於1970年達高峰。

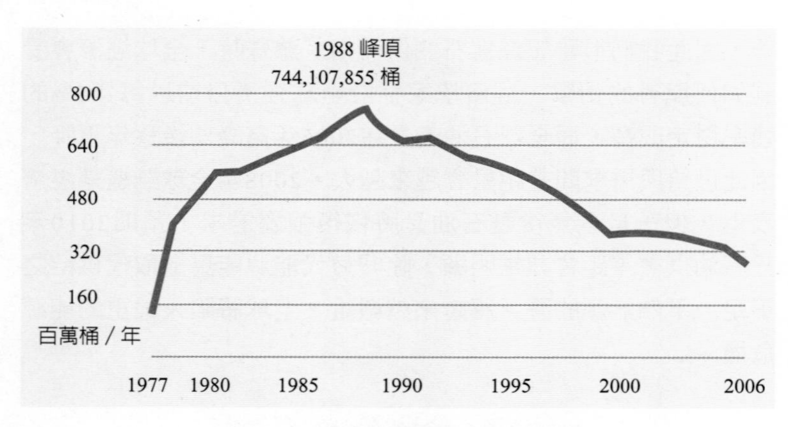

圖4.13：美國阿拉斯加油田歷年產量

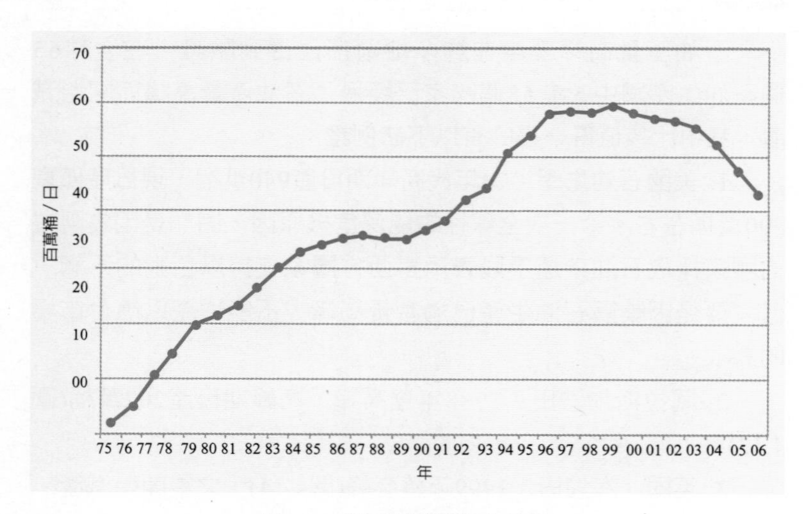

圖4.14：英國北海油田歷年產量

7. 蘇俄石油生產於1987年達高峰。
8. 澳洲石油生產於2000年達高峰。
9. 墨西哥石油生產於2004年達高峰。

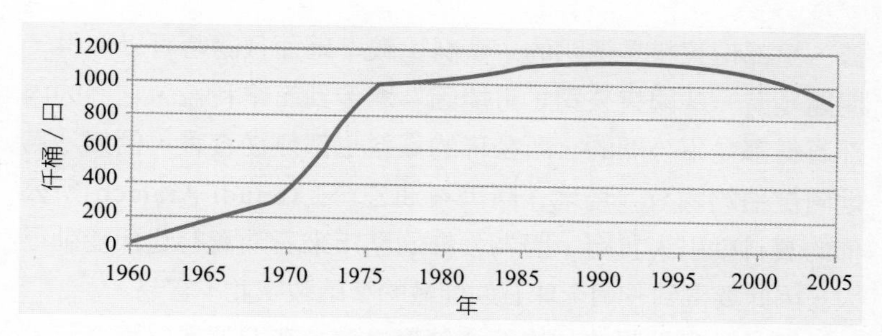

圖4.15：中國大慶油田歷年產量

4.7 全球石油產量高峰的來到

如果我們相信全球石油產量高峰的理論，那麼我們要問一個嚴肅的問題，即全球石油產量高峰到底什麼時候來到？回答這個問題時因為石油輸出國組織(OPEC)國家公佈的資料特別是沙烏地阿拉伯部分有所保留，因此計算的結果有誤差。有人計算產油高峰將在2010年以前來臨，有人認為高峰的來臨推遲到2010至2015年間，美國地質調查所(USGS)則認為石油高峰約在2020年來臨。

在65個石油生產國中尚未達產量高峰的國家有沙烏地阿拉伯(2014)、伊拉克(2020)、阿拉伯聯合大公國(2015)、哈薩克 (2020)、阿塞拜彊(2015)、蘇丹(2010)、查德(2008)、與玻利維亞(2010)等國。有些資料顯示全球石油產量高峰為2004年至2006年，這似乎與上述美國地質調查所估計的2020年差距很大，為什麼呢？要答覆這個問題，我們必須知道到底全球石油儲量有多少，然後才能準確的推算全球石油產量高峰。

1. 全球石油儲藏量之謎

全球石油儲藏究竟還有多少？各大石油公司都公佈有數

據，這部份資料是透明的，資料比較準確而且隨時可以取得，問題是有一些國有公司，可能因為牽涉到商業利益，它們的內部資料都是不公開的，所公佈的資料也都無從查證，例如沙烏地阿拉伯的國有沙烏地—阿美石油公司」(Saudi Aramco)所公佈的資料就引人質疑，因為公佈的歷年來石油資料起伏變動很大，因此要得到一個全球石油儲藏的準確數字並不容易。

關於沙烏地阿拉伯的石油儲量之謎，在石油界服務多年的西蒙斯(Matthew R. Simmons)在2005年出版了「沙漠的黃昏」(Twilight in the Desert)一書，書中對沙烏地阿拉伯的石油儲量，有所質疑。這本書除了對沙烏地阿拉伯石油開採的歷史，其王室的背景並沙烏地歷年來與美國的關係多有描述，也介紹了沙烏地阿拉伯正生產的各個油井歷史，書中並對全球石油界的遠景也有精闢的見解。在該書第十二章標題為「令人懷疑的沙烏地石油儲量」(Saudi Oil Reserves Claims in Doubt)一文中，西蒙斯就著沙烏地阿拉伯歷年來所公佈的石油儲量，作了詳細的研究，茲節錄部分該書第十二章論點，使我們對估計全球石油儲量所面臨困難，有更深入的了解。

在1979年以前，沙烏地阿拉伯的石油由七家西方石油公司(Exxon, Shell, BP, Mobil, Chevron, Texaco, Gulf)合股組成的「阿美石油公司」(Arabian America Oil Company或Aramco)經管，這七家公司俗稱七姊妹，每年所公佈的沙烏地阿拉伯各油田的產量和儲量透明度都很高，茲將阿美石油公司所公佈從1970年至1977年的石油總儲量列之於下。

1970年	1466 億桶
1973年以前	1490 億桶
1974年	1168 億桶
1975年	1140 億桶

1976年　　　　1330 億桶

1977年　　　　1000 億桶

其中1974年儲量比前一年減少了322億桶，以及1977年儲量也比前一年減少了330億桶，這些數字顯示這幾年間儲量的變化都相當大，阿美石油公司對這些數值的變化並沒有解釋原因。西蒙斯後來在1979年美國參議院一個名為「沙烏地阿美石油生產的未來」聽證會的報告中找到答案，這份文件中記載在1973年10月阿拉伯石油禁運前，阿美石油公司的工程師為了促使石油產量大幅度上升，必須把大量的水灌注油井以維持油井的壓力平衡，從1972年5月至1973年9月，日產量由540萬桶驚人地增至830萬桶，然而灌水的速率總趕不上生產的速率，促使油井的壓力下降，阿美石油公司的專家相信，這樣高速的生產已經接近傷害這些油田的可能，油田的壓力驟降，引起海水灌入油田，石油工程師為慎重起見，遂把部分證實儲量(Proved Reserves)轉為極可能儲量或可能儲量。

不過這些在70年代公佈的證實儲量變化與1979年以後公佈的資料變化相較，便算不得什麼了。1979年沙烏地阿拉伯的石油公司收回為國營，阿美石油公司改名為「沙烏地—阿美石油公司」(Saudi Aramco)。此後有關沙烏地石油的資料便不再透明，而且也不再單獨公佈每一油田個別的資料，只公佈全國的總證實存量，阿美石油公司所公佈部分從1980年至1988年的石油總儲量列之於下。

1980年躍升至1,500億桶；

1982年升至1,600億桶以上；

1988年增至2,600億桶，此數字沿用至西蒙斯出版此書的2005年。

1988年增加了1,000億桶，比較1977年數據，十年間儲量增加150%。從1988年至2005年，沙烏地政府沒有再公布發現任何新的大型油田，這十七年間官方公佈的沙烏地石油證實儲量卻一直維持在2,600億桶，這十七年間沙烏地的石油生產總額超過460億桶，儲量數據卻未減少，使人不禁懷疑為何它的證實儲量會如此穩定，奇怪的是石油專家學者卻對這2,600億桶的證實存量鮮少疑問，好像沙烏地阿拉伯的石油取之不盡。不僅沙烏地阿拉伯石油儲量大幅提升，其他一些石油輸出國組織成員在1980年代末期也大幅提高了原先的石油儲量數字，然而在此期間並沒有重大石油科技的突破或大型油田的發現，因此這些國家石油儲量的正確性令人質疑。

關於全球石油儲量高估西蒙斯的個人解釋是，最準確知道石油儲量的方法是鑽探測試井，作岩石的岩心取樣(Core Sample)，測量一些岩石的特性如孔隙率、滲透率等，如此可較精確的算出石油儲量。一般石油公司在地球物理探勘中一旦分析出地下可能有儲油構造時，都要作數口的測試井才能決定該地區的生產價值，這是石油公司鑽探的基本程序，但因著1986年起幾年來油價下跌，石油公司為了省錢就略去了較花錢的測試井部份。許多測試因著該地區的地質構造特殊，鑽取岩心的設備常被卡住，要作岩心取樣既費時又昂貴，加上石油界普遍相信以3-D震測、進階的井測技術與電腦模擬作圖，可代替岩心取樣與流體試驗以作出油田儲量的估計。一些退休的地質學家與油田工程師，卻懷疑這種做法可能造成石油儲量被高估現象。

美國地質調查所公佈全球產量高峰在2020年的資料也讓人質疑，它的估計值可能也是偏高，因美國地質調查所從未鑽探過一口油井，它的儲量值可能也是由電腦模擬作圖所得，它的準確性令人懷疑。例如美國地調所最近公佈資料，預測北極海石油與天然氣蘊藏量極大，但石油界卻懷疑此資料的可靠性，其理論與實際可能大有出入，即使北極海石油儲量豐富能夠開採，仍會牽連到所有權、開採難度與極地野生動物保護等實際問題，因此美國地質調查所公佈的數據可能也不可考。

2. 全球石油產量的減少

如上所述，雖然要準確的計算產量高峰的峰頂時間不是很容易且常有爭執，但從生產方面觀察則容易許多，前者是屬於前瞻性的，後者是屬於後視性的，好像汽車從後視鏡可看到後方影像一樣，所以一旦全球石油產量達到峰頂，只要仔細觀察得到產量開始減少的事實，就不難指出峰頂所在。例如前節我們列出許多大油田如阿拉斯加油田、北海油田、大慶油田等等，它們都有輝煌的歷史，但一旦過了產量高峰就不得不減產，北海油田在2007年已經急劇下降到最高產量的60%，大慶油田也在2005年宣告減產40%。不管根據歐盟國際能源署(International Energy Agency, IEA)或美國能源部(US Energy Information)所公佈圖片(圖4.16)，都可看出2005年始全球石油生產量已趨近一高原平台(plateau)，而油價的頻頻上漲，也說明了石油供不應求的事實，所以從市場的事實來看，全球可能真的已到達或已經過了石油產量高峰。2008年1月歐盟能源專員Andris Piebalgs質疑，市場供應和需求之間的差距，可能擴大到4%，即5年內差距可達20%。美國前首席經濟顧問wescott博士曾向布希總統建言，如果油價上漲到每桶120美元，即可能促使全球性經濟衰退，從2008年油價高漲、全球通貨膨脹並接踵而至的金融海嘯以及全球經濟衰退來看，全球石油產量高峰可能真的已經來到，而不是僅喊狼來了的一場虛報。雖然這一波的石油漲潮因著全球經濟衰退而暫時平靜，但因著全球石油逐年減產，一旦市場景氣恢復，因著需求的刺激油價必然再度高漲。

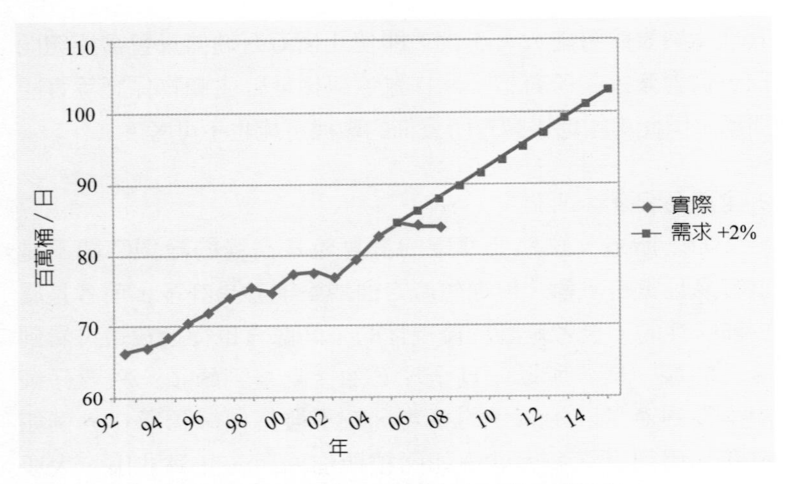

圖4.16：全球石油供給與需求曲線(美國能源署資料)

3. 石油公司反應的佐證

全球石油產量高峰也可從各個石油公司的反應來看，它們對石油產量高峰是最敏感的，因為它們已經佔據了市場多年，誰也不願從這個多金的行列中退出。雖然近年來油價飆升，似乎各個石油公司應該增加探油活動，但奇怪的是探油活動並沒有增加，原因是從2003年起全球已經不多發現新油田，即能找到高報酬的大油田的機會已經很少，油公司都不願意多花錢在探勘上。事實上近年來石油震測探勘的技術雖然日益精確，但新油田的發現卻越來越少，2000年全球大油田(指儲量達五億桶以上者)有16個，2001年有9個，2002年有2個，2003年之後就不多新油田發現，圖4.17是石油高峰學會所作每十年發現油田數，圖中可看出從1964年起發現油田數一直在下降，近年來新的油田已大為減少。事實上各處產油區所能發現的多半是小型油田，石油公司過去十年間的探油經費從過去平均總開支的

30%下跌到10%。石油公司尋找石油的方式也都改採兼併方式以擴大油田所有權，自80年代中至2000年，美國五家最大的石油公司(雪佛龍「Chevron」、埃克森「Exxon」、海灣「Gulf」、美孚「Mobil」、德士古「Texaco」)在經過多次收購兼併潮後，只剩下雪佛龍與埃克森公司。法國三家最大的石油公司也在90年代中合併為一家(Total、Fina、及Elf Aquitaine合併為TOTAL)。收購兼併成為各個石油公司尋找石油最快速方式，因為石油公司是站在石油生產的第一線，我們有理由相信這些現象的發生，不過是另一個全球已達石油產量高峰的佐證而已。

4.8 替代能源的省思

因著全球石油與天然氣即將耗盡，各種替代能源也都紛紛被嘗試，例如太陽能、地熱、風力、水力、潮汐、生質能源、海水溫差等，均可做為部份來源來分擔能源需求，但因它們產

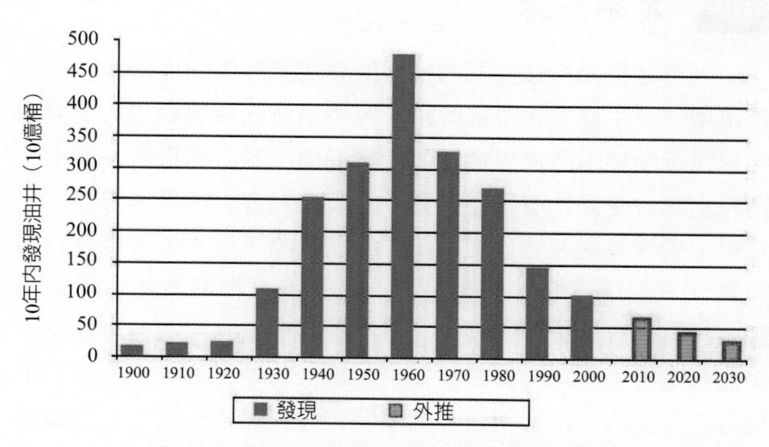

圖4.17：全球每十年發現油田總數(摘自石油高峰學會)

生的能量均有限，無法取代石油與天然氣作為主要能源。油頁岩與瀝青砂石只有少數國家擁有礦源且開採困難。煤礦雖然儲量仍可使用三百年，但煤非乾淨能源，且體積大攜帶不便。液化氫雖然可作為汽車動力，但沒有石油安全，且製造液化氫也須能量。核分裂(使用鈾元素)雖已被廣泛使用作為和平用途，但近年來因反核聲勢高漲，核電廠的建造在許多國家已緩慢下來，而且其儲量也只夠使用五十年左右。核融合(使用氘、氚等氫的同位素)短期內技術上尚不能突破。當石油即將被耗盡時，液化天然氣及液化煤會暫時填補石油缺口，作發電及燃料用途，但因它們都是非再生能源，很快也會被耗盡，因此都是過度性質。除非替代石油的主要能源能立刻被發現並量產，否則因著替代能源的缺乏以及石油的將被耗盡，全球可能已經進入了一個「長期的」能源危機。有關替代能源的種種，將在下章中再討論。

4.9 未來情勢

近幾個世紀科技文明的發展是與能源發生關係的，能源的使用增加了生產量也帶來財富，我們很難想像驅動這一切機制的能源逐漸耗竭時世界會成怎樣的局面。當石油供需長期不平衡時全球會受到什麼樣的影響呢？這個影響可能是多方面的，這可由過去幾次石油危機得知。石油供應不足不僅直接導致動力缺乏、生活不便、生產落後，而且造成物價波動、通貨膨脹、經濟衰退、政治動盪，甚至引發軍事衝突。我們可想見未來能源危機中全球將有嚴重衝突，圖4.18是經濟學家推測未來極可能發生的一種情境，在圖中我們見到幾乎所有非石油輸出國組織(Non-OPEC)的產油國家在2006年前都陸續達到或過了產

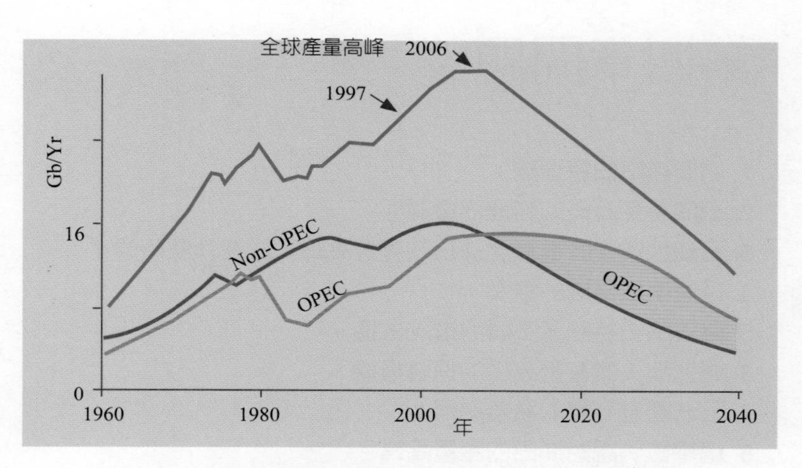

圖4.18：未來OPEC與Non-OPEC石油供給及市場可能變化情境

油高峰期而開始減產，只有石油輸出國組織(OPEC)尚未達到產量高峰，因此可以說一旦過了全球產油高峰，石油價格將完全由OPEC決定，市場將從買方市場轉為賣方市場，因為再也沒有國家能生產多餘石油以供給缺欠，除非經濟衰退而降低原油需求，不然供給永遠趕不上需求。美、蘇兩國雖曾盛產石油，但都過了產量高峰而逐年減產，只能聽任OPEC擺佈，而中東地區儲油既佔全球的三分之二，其地位及政治敏感度更為升高。因為石油供需的差距越來越大，國際間對石油市場的變動更為緊張，一點點動靜都可能引發經濟動盪及國際間衝突情勢，有關能源危機對社會衝擊，請閱第七章。

第四章問題

1. 請簡述哈伯特理論。
2. 石油產量高峰的物理依據為何？
3. 石油地質學者推算全球石油產量高峰大約在什麼時候？
4. 請說明坎貝爾的觀點。
5. 略述哈伯特產量高峰的理論根據。
6. 略述狄夫業產量高峰的理論根據。
7. 石油產量高峰的意義為何？
8. 請舉數例說明油田的產量高峰。
9. 準確推算全球石油產量高峰時間有何困難所在？
10. 後石油時代有何替代能源嗎？

第5章

替代能源

5.1 前言

近年來能源替代方案的研發備受矚目，各國無不積極推動尋找可能的能源替代方案。在1980年代以前，對於全球過度倚賴石油與天然氣的傾向很少人有所評議；但在1980年代以後，能源枯竭問題浮現檯面，也因著哈伯特理論及其後續研究者相繼大聲疾呼，全球石油儲藏即將消耗殆盡，人們才開始注意到石油與天然氣儲量不是無限的，全球大多數油田很快於幾十年內都將枯竭。幾次的能源危機，特別是2008年油價高漲甚至突破每桶147美元，更使人們認識能源危機的嚴重性。加上環境保護意識逐漸抬頭，使化石燃料的使用多了一層顧忌，全球暖化造成氣候變遷的種種影響，有目共睹，如果不管制石化能源的使用，自然環境的惡化將使我們不再有明天。本章中我們要來談談替代能源問題，下章中談談能源使用造成的全球暖化問題。

5.2 各種替代能源

I.液化天然氣

1. 液化天然氣的構成

第二章曾談到天然氣和石油的來源，它們是有機物質遺骸經過沉積及化學變化所形成的碳氫化合物，以固態、液態或氣態三種型態出現，較輕的就是天然氣，包括甲烷(CH_4)、乙烷(C_2H_6)、丙烷(C_3H_8)、丁烷(C_4H_{10})等。天然氣在礦區開採時與原油伴隨而出，早期因無法越洋運送，只能限於產地使用，因使用量有限，多餘的天然氣大多把它燃燒廢棄，直到技術上得以可以把它冷凍作成液化天然氣(Liquefied Natural Gas，簡稱LNG)使用，它的用途才大幅增加，不受到地域的限制。

2. 液化天然氣的運送與使用

液化天然氣(簡稱LNG)，主要成分為甲烷，是把天然氣在常壓下冷凍至零下162℃(-259℉)，使它冷凝成液體，體積也縮減為氣態時的六百分之一，以便更經濟更方便的儲存並藉以特別設計的冷凍船載送(圖5.1)。

抵達目的地港口後，必須經由卸料臂送到低溫儲槽儲存(圖5.2)。液化天然氣使用時須轉換為天然氣，但只要升高溫度至常溫，即可將液態天然氣復原為氣態，再經輸送管線，天然氣就可方便的輸送到發電廠、工廠及家庭用戶，因此藉著液態天然氣的技術，天然氣得以方便的輸送到全球使用。

3. 安全性

在液態下液化天然氣不可燃也不會爆炸，液化天然氣必須

圖5.1：液化天然氣藉特別設計的冷凍船載送

圖5.2：液化天然氣低溫儲槽

先蒸發並與空氣做某種比例的混合才能點燃，只有當液化天然氣有滲漏時，它會很快蒸發並與空氣混合，就很容易被點燃並燃燒。但液化天然氣在全球已經被運輸並使用多年，唯一一次意外事件發生於1944年美國俄亥俄州的克里夫蘭，之後即不再發生使用液化天然氣的意外事件，可見液化天然氣使用的安全性是很高的，當然若遭受恐怖份子攻擊，那時它的安全性又另當別論了。

4. 未來發展

因著全球石油逐漸減產，雖然目前金融風暴中石油需求減少而價格大跌，但市場一旦恢復景氣石油產量必然再度供不敷求，屆時能源的需求將刺激液化天然氣的生產，當石油產量不能供給市場需求時，最能立即替代石油的便是液化天然氣，成了彼消我長之勢，也因此大多數火力發電廠都已漸漸從倚賴原油燃料轉換為天然氣。例如美國現有100座液化天然氣設施(圖5.3)，經由長途輸送管線，供應天然氣給許多發電廠使用，未來為因應液化天然氣擴大需求，必然增建更多液化天然氣設施。

5. 天然氣產量高峰

當石油即將被耗盡時，天然氣及液化天然氣應該可以暫時作為石油的替代能源，作發電及燃料之用途，但這只是暫時性的，因為液化天然氣與石油一樣都是非再生能源，很快會被耗盡。天然氣與石油一樣有其產量高峰，根據Jean Laherrere研究天然氣的產量高峰大約在2030 年左右(圖5.4)，此資料所用天然氣資料包括所有煤田所產甲烷與非傳統性的天然氣。

圖5.3：美國現有液化天然氣設施之分布及輸送管線

II. 氫

1. 氫經濟

氫是地球或宇宙中存量最豐元素，但大部分氫原子多與其他元素化合，自然界中單獨氫存在的形式並不多，因此我們這裡所談的氫並非是天然開採的一種燃料，卻被廣泛以為是全球能源問題的解決方案。以電解水來生成氫氣與氧氣早在兩個世紀前就已被人知曉，所以談不上是什麼新發明，「氫經濟」

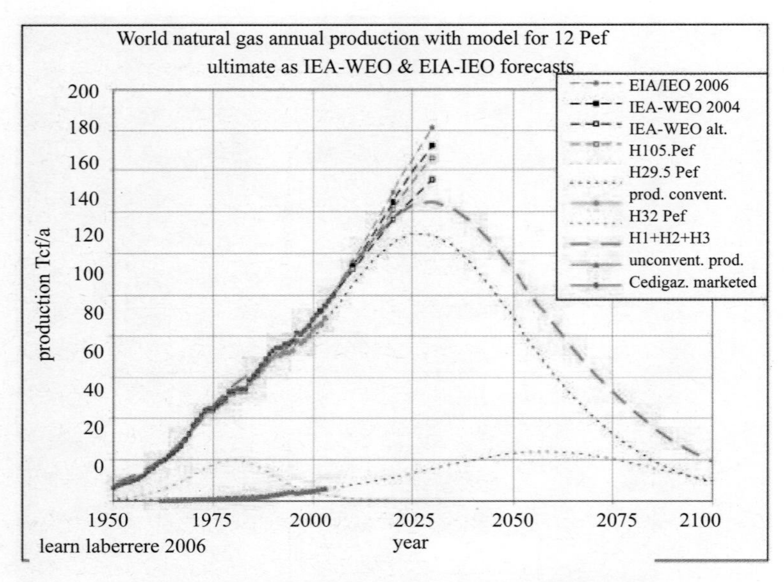

圖5.4：Jean Laherrere所作天然氣產量各種模型的預估

(Hydrogen Economy)一辭由通用汽車(General Motors)於1970年提出而後被廣泛使用。2003年美國總統布希宣布以氫為動力之自由車(Freedom Car)將在10至20年內上市，他指的是以氫為動力且對環境不產生污染的氫氣車。Jeremy Rifkin於2003年出版「氫經濟」一書，認為氫燃料電池(fuel cells)時代已經來到，將帶進一次能源革命。氫氣是一種高能量燃料(high-energy fuel)，如果以同樣一公斤氫氣與天然氣比較，氫氣燃燒可產生三倍於天然氣的能量，並且釋放的是水，不像天然氣燃燒釋放二氧化碳污染環境，然而到底氫經濟能否成功的取代石油經濟體系，給人類帶來能源發展一線希望呢？這是目前全人類都非常關心的課題。

2. 氫的製造

關於氫氣的來源有幾種製造方法，一法是在高溫下使水蒸氣和碳氫化合物(主要是甲烷)反應而得，此法稱為蒸氣重組法(steam reforming)，其反應式如下：

$$CH_4 + 2H_2O \rightarrow CO_2 + 4H_2$$

甲烷與水蒸氣先加溫至1500°F，然後通過鎳作催化劑，產生氫氣和二氧化碳。如果天然氣來源不夠，也可用煤代替天然氣以取得氫氣。這個方法缺點是使用天然氣作為氫氣來源，似乎並沒有解決依賴石化能源問題，產生大量二氧化碳也沒有解決溫室氣體問題。目前石油與天然氣仍容易取得，但將來一旦石化燃料耗盡時仍可能面臨供給短缺，反應中催化劑的效率及降低反應溫度方面也都須要改進，以節省成本支出。目前此法是製造氫氣最主要的方法，汽車廠多以此法來取得「燃料電池」的氫氣。

另一種製造氫氣方法是電解法(Electrolysis)，就是電解水，這個方法比較簡易，使氫離子在陰極被還原產生氫氣，氧離子在陽極被氧化產生氧氣，其反應式如下：

陽極(氧化)：$2H_2O(l) \rightarrow O_2(g) + 4H^+(aq) + 4e^-$　$E^0 = -1.23V$

陰極(還原)：$2H^+(aq) + 2e^- \rightarrow H_2(g)$　$E^0 = 0V$

這個方法已經被使用兩百多年了，它的確是一種簡易乾淨的方法，不需要礦物燃料來取得氫氣，因為水的供應隨處即是，也不會產生二氧化碳造成溫室氣體，因此似乎此法比前法較為可行。但這個方法的缺點是耗電量太大，電解水的電極電壓是1.23V，因此生產一公斤氫需消耗電量約32.9度，因此電解水以生產氫的關鍵在於能否充分供應電力。

3. 氫經濟發展關鍵

電解水製造氫須要電力，此電力從何而來？在氫經濟中，必須先取得大量電力製造氫。當氫來源供應無虞，此時所有運輸、建築與工廠才可能捨石化能源而改用氫燃料電池。

目前，大部分發電廠均以燃燒煤和天然氣來發電，但也可取自其他能源如水力、核能、太陽能、風力、生質能源、地熱等。然而以煤和天然氣發電來製造氫氣，似乎失去了發展氫經濟的意義，因為它們也是非再生能源會耗盡，燃燒也會產生二氧化碳污染環境。核能發電或可供應電量，但它有許多政治與環保因素的考量。太陽能的發電量有限，在成本與技術方面也極需突破。因為發電量仍需其他能源產生，因此雖然氫燃料電池已經可能進入量產，它也可能只是過度性的取代石油，至終我們仍須找到其他再生能源。

我們也許會問，如今已有電動車上市，為何仍要由電力製造氫氣而帶動氫經濟？這可能是因為氫氣更像天然氣或石油，可由氫氣輸送管或氫槽汽車運送，也可由氫氣加氣站加氫，不像電動車須要充電很長時間，氫氣車效率也比電動車佳。

4. 氫燃料電池—氫氣車

氫燃料電池，是利用氫及氧的化學反應，產生電流及水(如圖5.5)，其過程中完全沒有污染環境，可視為一種環保發電機。氫燃料電池車是利用氫燃料電池產生的電力以驅動汽車，因為氫氣是一種高能量燃料，只要持續供給氫氣與氧氣，燃料電池就能一直發電。

從氫燃料電池的概念被提出後，工程師就夢想氫氣替代石油的可能，1990年代起，歐洲、美國、加拿大、日本等都積極研發氫燃料電池技術，如Renault、volvo、Peugeot、Chrysler、

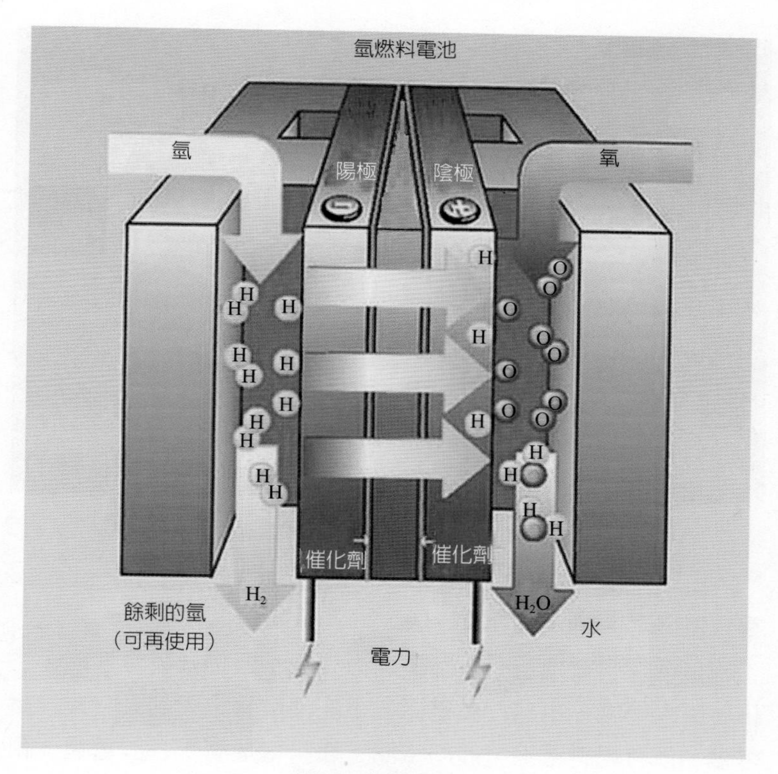

圖5.5：氫燃料電池

GM、本田等車廠都曾研發出自己的氫燃料電池車的車款。

以本田FCX Clarity氫燃料電池車為例(圖5.6)，電池系統提供氧氣，與儲存在一個氫氣罐中的氫氣起化學作用，產生的電力相當於6汽缸發動機的馬力。

FCX Clarity的電池系統歷經幾代研發演變。1999年的第一代發動機體積龐大，超過200公斤重，輸出60千瓦馬力。2003年的第二代發動機有96公斤，重量減輕一半。第三代，也就是FCX Clarity使用的發動機，體積和重量減少許多，僅67公斤

圖5.6：本田FCX Clarity氫燃料電池車

重，但可產生100千瓦的電力。

目前燃料電池已有多種不同形式，不但提升發電性能，也拓展應用領域，小自行動電話、筆記型電腦，大到太空梭、發電廠，都有燃料電池發展的空間。燃料電池廣受各國重視，預料將成為21世紀的重要能源裝置。

5. 如何儲存和運輸氫？

目前，將純粹的氫燃料汽車投入使用的關鍵問題是氫的儲存和運輸問題。氫在常態下是一種體積龐大的氣體，所以它不像汽油那樣容易使用，如果是遠地的傳輸則須把氫氣加壓或液化，才能以特殊的罐裝拖車運送。壓縮氫氣需要耗費能源，而且壓縮後的氫所能提供的能量也遠低於相同體積的汽油。解決氫的儲存問題目前仍在研發中，最近美國克萊斯勒公司測試一種名為硼氫化鈉的化學物質，硼氫化鈉由硼砂製造，氫可以以固態形式儲存其中，當硼氫化鈉釋放其中氫後，又可重新轉化為硼砂而重複使用，盼望這個研究能夠突破氫儲存的關鍵。

一旦氫的儲存問題得以解決並且能夠標準化，我們就可以圍繞它來建立氫站網絡及氫運輸的基礎設施。氫氣如用運送管線運輸可能很昂貴，因為氫會加速一般鋼管的碎裂(氫脆化)，因此增加了維護成本、外洩風險、和材料成本，如果使用高壓運輸則只要略增管線成本，但是高壓管線需要較佳材料製造。

圖5.7：氫燃燒火焰為無色

6. 安全性

液化氫雖然也可作為汽車動力，但沒有石油安全，且製造液化氫也須能量。氫在常溫下是一種無色、無臭、無毒的氣體，甚至燃燒的火焰都是無色的(圖5.7)，很不容易察覺它的存在。它的問題出在很容易燃燒和爆炸，其混合氣體的引爆範圍非常廣，在空氣中含有3～75%體積的氫氣都可引發氣爆，而天然氣的範圍是5～15%。此外，由於氫是分子量最小的氣體，運動速度非常快，滲透性也最強，因此所有的管線或儲存槽的界面連接都須非常嚴緊，氫氣閥需要特別設計，否則很容易產生漏氣。

然而只要有適當的安全措施，氫並不比其他燃料危險，氫氣燃燒得快，去的也快，不會有延燒的問題。一旦發生意外，後果不會比汽油燃燒更嚴重。歷史上只發生兩件氫爆炸意外事件。一件是1937年的德國興登堡飛船降落時發生爆炸，事後調查發現是火花先引燃氣囊材料的結果。死亡37名中有35名是跳船而死的，只有兩名是被燒死的，而死因是外套附著飛船上的柴油。另一事件是1988年美國太空梭升空時發生意外，由於連接液態氫燃料箱的墊圈出現裂縫使氫氣外漏，在這種情況下，任何一種燃料發生爆炸其後果應該都沒有什麼差別。

7. 氫經濟的未來發展

氫經濟的發展面臨一些難題。首先，必須建構製造、運輸、儲存氫氣的設施，以取代既有的石油基礎設施。我們將面臨一個問題：到底是先發展燃料電池車，還是氫氣加氣機？若沒有氫氣加氣站網，燃料電池車無法行銷；然而沒有大量價格合理的燃料電池車，也沒有建造昂貴的氫氣加氣基礎設施的必要。其次，燃料電池的重要成分「鉑」是貴金屬，佔一顆燃料電池成本的六成，燃料電池技術及成本方面的突破，也是發展的瓶頸。最後，有關氫轉換、安全、環保、以及運作系統等各方面，都需要一些關鍵技術的突破，在沒有解決這些問題之前，氫經濟發展的目標是無法達到的。因此氫經濟完全的運作可能需要至少十到二十年才能成功，要替代現有的石化能源作為主要能源，頗有緩不應急之嘆。

III. 煤

1. 煤礦的構成

(a)煤的構成非為海洋有機物質，而是陸地植物之殘餘；在沼澤所在地有茂密樹林之生長，也有水域來覆蓋枯竭之樹幹、樹枝、樹葉等，是最適合煤礦之形成所在地(圖5.8)。煤的構成

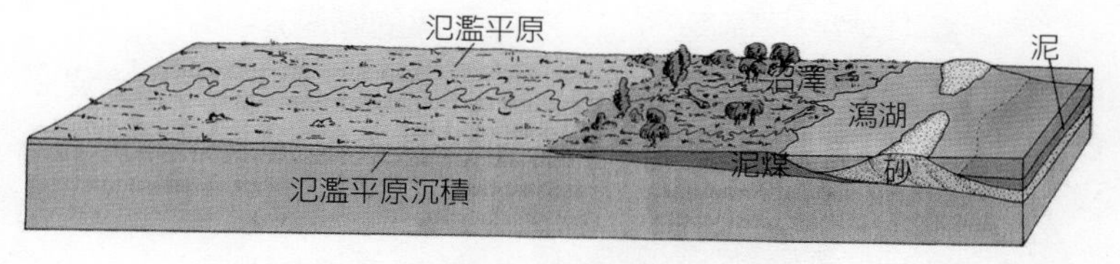

圖5.8：煤生成於沼澤地

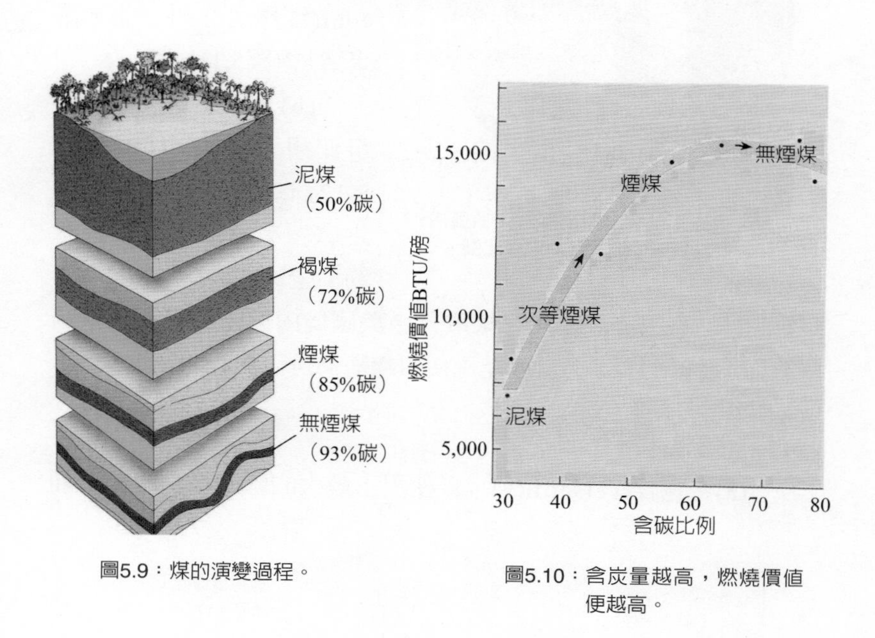

圖5.9：煤的演變過程。

圖5.10：含炭量越高，燃燒價值便越高。

需要一個無氧環境，因氧會與有機物質反應而摧毀有機物質。

(b)在合乎形成條件下，煤最先產生的產物是泥煤(Peat)，這是最粗質的煤；如再經更長時間掩埋，受到熱與壓力作用其有機物質逐漸脫水，形成較軟的褐煤(Lignite)，並進一步形成較硬的煙煤(Bituminous)及無煙煤(Anthracite)(圖5.9)。煤越硬，含炭量越高，每單位燃燒所產生的熱量便越高，故硬而含炭質較高的是較受歡迎的煤(圖5.10)。煤如同石油與天然氣是非再生能源。

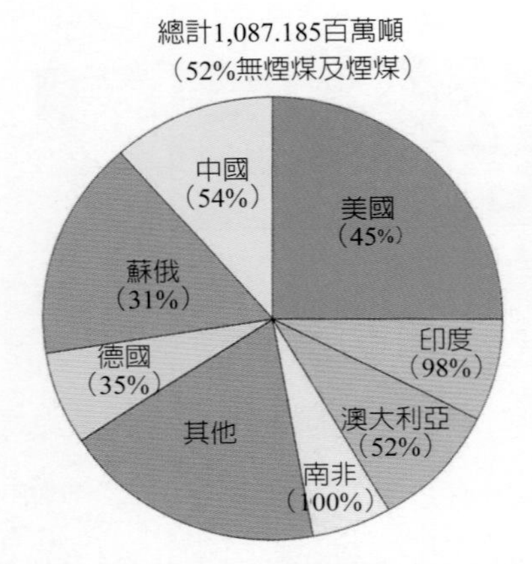

圖5.11：全球煤儲量以百萬噸計，括弧內為煤儲藏中煙煤及無煙煤比例。

2.煤的儲藏量

(a)全世界估計煤的儲量約為10兆噸，美國所儲存約佔其25%，其中兩千七百億噸是recoverable coal(維幾尼亞州，北卡羅來納州)(圖5.11)。

(b)全球煤的儲藏預估可使用至公元2400年(圖5.12)，目前似乎仍無短缺之虞。美國煤每年消耗量約佔全球之20%至25%，如果石油之需用能源全由煤來取代，美國境內儲藏的煤約可供給需用兩百年之久，但目前能源使用趨勢仍是倚賴石油為重。

3. 煤使用之限制

(a)普遍性(versatility)：煤使用上最大的限制是它不像石油

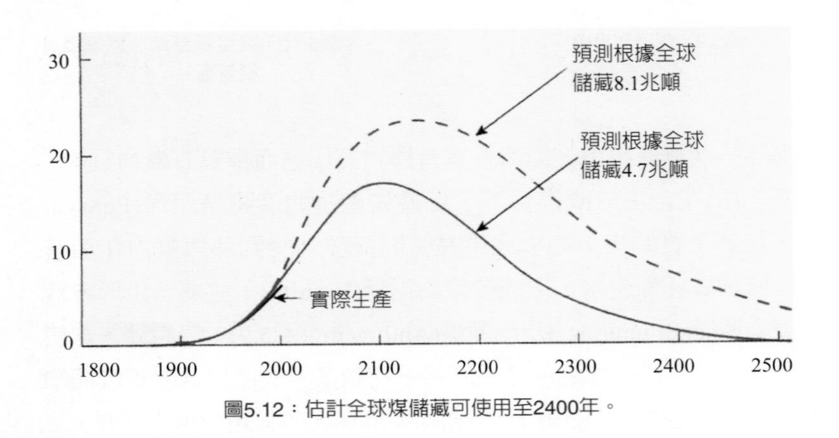

圖5.12：估計全球煤儲藏可使用至2400年。

與天然氣那樣具普遍性。煤非常的笨重，並且佔有相當大的體積，故它不能直接運用於現代交通工具如汽車與飛機上。

(b)乾淨與方便性：煤燃燒時會生煙，是一個骯髒與不便利的能源(所以它才會被石油與天然氣取代)。

早期在台灣尚未普遍使用天然氣以前，家家戶戶多使用煤炭或煤球生火，屋內特別是廚房常滿是煤煙味，燻的人非常不舒服，相信用過的人均有此印象。

(c)煤不能被使用作為石油與天然氣的代替品，但煤可被轉換為液態或氣態的碳氫化合物而成液態燃料或天然氣，這個轉換過程是藉著煤與高溫的水蒸氣或氫氣接觸反應產生。這種轉換過程稱為氣化(gasification如產品是氣體)或液化(liquefaction如產品是液態燃料)。

4. 氣化(Gasification)煤

(a)經濟層面：目前氣化過程所產生的氣體是一氧化碳(CO)與氫氣(H_2)及甲烷(CH_4)的混合物，其燃燒所產生熱能僅及燃燒同等體積之天然氣所產生熱能的15至30%。由於此較低的熱能使得它在經濟使用上不太可能作為運輸工具的能源。

(b)技術層面：技術層面上要從煤轉換為高品質且相當於天然氣的氣體是可能的，但目前的天然氣價格尚低，故不適宜市場上使用，但技術上的研究改進仍在不斷進行。

5.液化(Liquefaction)煤燃料

(a)經濟層面：煤的液態燃料目前價格不能與傳統的石油價格相比，故目前大量開發是不太可能。但在未來石油價格持續上漲且世界大多石油儲油層漸漸乾枯下，未來大量製造是可能的。

(b)技術層面：1980s年代技術改進曾使製造費用大幅降低

60%，並使得液化煤燃料的使用變得似乎可能，像這樣的技術改良，大大增加未來液化煤作為石油的替代能源的可能性。

IV. 油頁岩(Oil Shale)

(a)油頁岩(Oil Shale或稱kerogen)是由植物藻類或細菌的遺留物構成。油頁岩不是簡單的化合物，油頁岩的物理性質顯示油頁岩曾經壓碎加熱並蒸餾(distill)過程而產生碳氫化合物，如同「頁岩油」(「shale oil」)，它可經提煉成類似原油，產生石油般用途。美國境內具有全世界2/3的油頁岩儲量(圖5.13)，即大約2到5兆桶的頁岩油(shale oil)。

(b)油頁岩尚未成為主要能源，因為(1)要產生少量的頁岩油

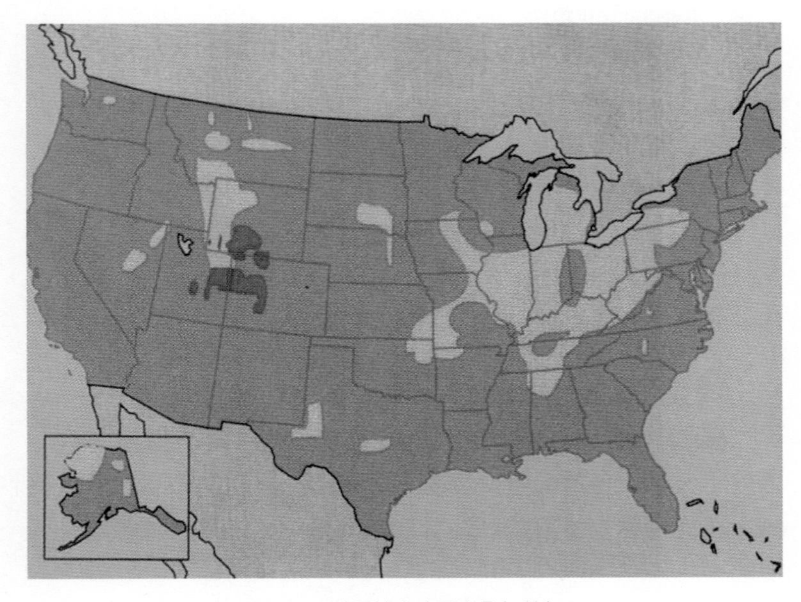

圖5.13：美國境內油頁岩分布所在

圖5.14：野外油頁岩露頭

需要壓縮大量體積的岩石(壓縮每噸的岩石產生小於3桶的油)。

(2)製造價格目前仍不能與石油競爭。

(3)仍待建造大量設備始能量產。

(4)大部分油頁岩均接近地表(圖5.14)，要生產油頁岩最經濟的路就是將表面的土地剷除(surface- or strip-mining)，此舉將破壞大地景觀(植被)。

(5)目前技術上需使用大量的水，故在缺水區開採將非常困難(圖5.14)。

(6)提煉完後岩石將增加體積20%至30%，須如何處置(dispose)它們也是個頭痛的問題。

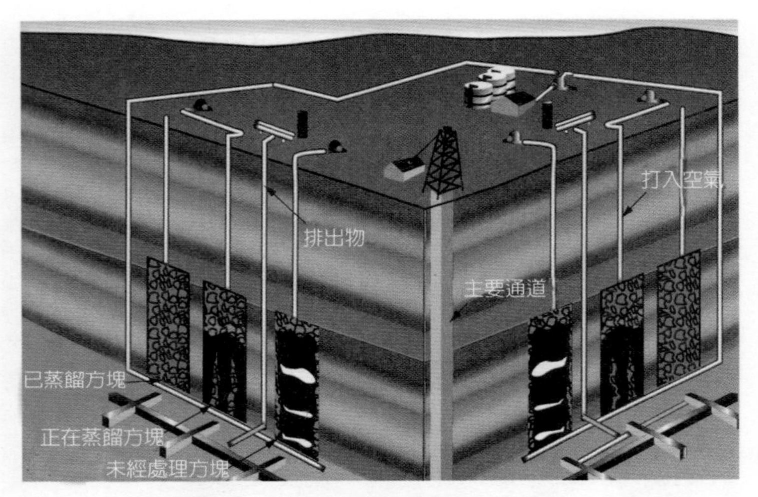

圖5.15：油頁岩經壓碎加熱蒸餾產生頁岩油

V. 瀝青砂石(Tar sands)

(a)瀝青砂石是沉積岩其中含有厚的半固體狀如瀝青般的石油，瀝青砂石可能代表為未成熟的石油，即其儲藏型態大都為大型分子；尚未分解為較「輕的」液態或氣態的碳氫化合物。也可能是由於較輕的分子已經遷移只留下了較重的分子。

(b)如同油頁岩，瀝青砂石需要開採壓碎加熱以抽取石油(圖5.15)，許多開採油頁岩所遭遇的環境問題也同樣影響到瀝青砂石的開採，如重新植被問題、水的處理問題、廢物拋置問題等等。

VI. 核能

1.核分裂(Fission)

(1)核分裂基本原則：核能這個名辭事實上是包含兩種不同程序—核分裂與核融合；目前只有核分裂有商業用途。

核分裂是指一個原子分裂為兩部分；例如鈾235原子核經中子撞擊即產生核分裂，而經分裂過程新產生的中子會再撞擊周圍235原子核而繼續分裂，並且產生更多中子及釋放原子核內大量能量，這個現像稱為連鎖反應(chain reaction，圖5.16)。

當核分裂發生時有一部分質量轉換成能量，按愛因斯坦質能互換理論($E = MC^2$；C為光速)，原子核內極大能量瞬時間釋放出來。核分裂可使用於軍事用途，使原子彈爆發瞬間產生破壞；或作商業用途使用的原子爐，以更緩和並經嚴格控制的方式釋放能量。

自然界裡自然產生元素能作為核分裂使用的並不多，常見的有鈾−235、鈾−238(鈾的同位素)、釷−232及鈽−239等，它們的反應式如圖5.17；同位素是指兩元素具有同量的質子數卻具有不同的中子數。鈾−233及鈽−239因可由釷−232及鈾−238滋生而來，故其反應又稱滋生反應，以別於鈾−235的分裂反應。

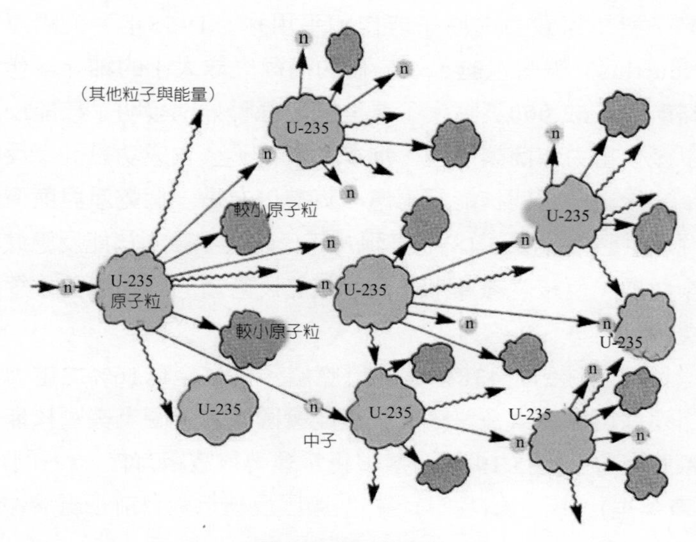

圖5.16：核分裂反應

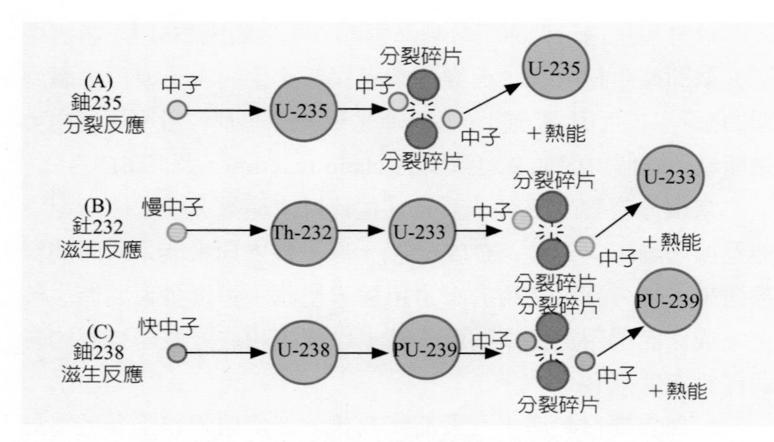

圖5.17：自然界裡自然產生的幾種核分裂反應

2.應用

①第一個大型的核分裂應用是在1945年7月16日，在美國新墨西哥州為第一個原子彈所作的核子試爆。第二次世界大戰後許多科學家致力於原子能作和平用途；1955年，美國海軍「Nautilus」號潛水艇，以一個約高爾夫球大小的鈾元素作為燃料航行了62,000英哩。不久美國與蘇聯分別發明了核能反應爐以產生電力作商業用途，加拿大緊接不久也成功設計了反應爐；之後一些年間核能反應爐一直被以為是一個乾淨與廉價的能源以供應電力(圖5.18)。直到70年代起發生幾次核能反應爐的安全問題，反核意識漸漸升高，核能反應爐的興建趨勢才逐漸減緩。

目前全球約有438座核能反應爐，提供全球16%之電力需要；這些反應爐大多座落於工業開發國家，上圖為美國核能發電廠所在位置(圖5.19)。台灣現正常運轉核電廠有核一(石門)、核二(萬里)、核三廠(恆春)，核四廠因反核示威目前正處於停工

圖5.18：核能反應爐

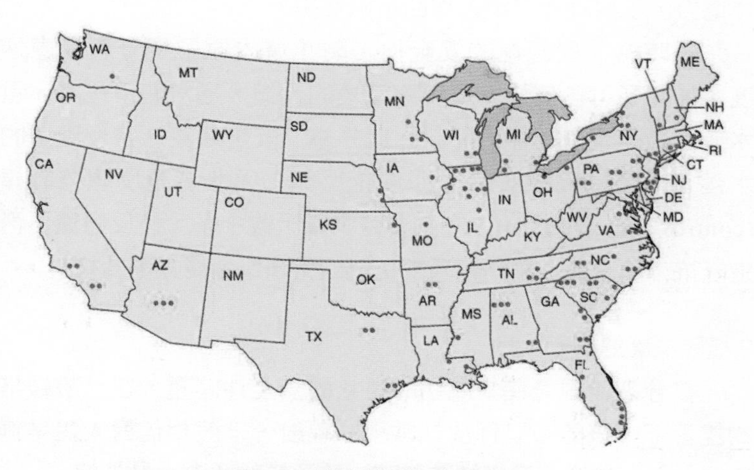

圖5.19：美國核能發電廠位置。

狀態。

②核能反應爐：

大多數的核能電廠都是藉著冷水流經反應爐，使其冷卻冷水被加熱蒸發為蒸氣，蒸氣繞經渦輪發電機以產生電力；一般火力發電廠是使用化石燃料，燃燒煤、石油與天然氣產生蒸氣帶動渦輪以發電，在核能電廠之反應爐是藉著鈾原子產生的核分裂反應釋放熱能，蒸發冷水成蒸氣以提供電力。

現在常使用核能反應爐的有幾種不同設計，目前常使用的一種是以厚的鋼板圍繞著一個核反應爐核，反應爐中使用鈾燃料棒(fuel rods)，此燃料棒置放於圓柱形直徑約1/2吋的陶器內，並又全密封於一長的金屬桶內，稱為燃料桶(Fuel Tubes)；幾個燃料桶組合為一個燃料組，而幾個燃料組構成為核反應爐的爐心。水在反應爐中煮沸加熱為蒸氣，經流通至渦輪發電機來產生電力，水被冷卻壓縮再送回重新使用。

同時為了反應爐的安全性，防止爐內原子核分裂反應過度，加裝了可以使核分裂反應減速的設備，通常使用輕水、重水或石墨作為減速棒的材料。此外為了安全起見，當反應爐的水蒸氣溫度過高時，須立即停止反應，因此裝設反應控制棒(control rods)(圖5.20)，在必要時大量吸收中子，使反應爐不再進行核分裂反應。控制棒通常使用碳化硼或金屬銀等為材料。

3.核能反應爐的安全性

核分裂能源最使人關切的是它的安全性問題，在一般嚴格的控管下，核能廠只釋放非常小的輻射，一般相信對人體是無害的；只有在控管程序被疏忽時，核子輻射才會大量外洩。

核子輻射大量外洩最大可能的情況，是失去冷卻劑使須被冷卻流回反應爐的水遭阻礙，爐心(core)過熱，以致爐心被融

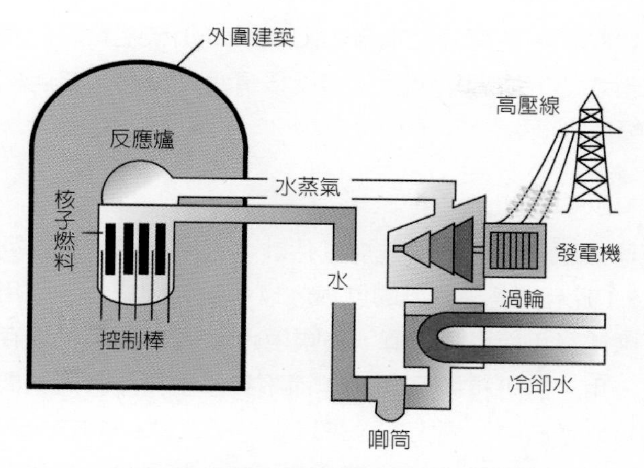

圖5.20：核能反應爐內部構造(說明見本文)

化，核燃料與爐心物質參雜為融熔物質(不一定流出建築物外)。1979年在美國賓州之三浬島(Three Mile Island)，發生核子外洩事件(圖5.21)，原因是在於失去冷卻劑使35-45%的爐心物質融化

圖5.21：美國賓州三浬島之核電廠。

造成。1986年，烏克蘭之車諾比(Chernobyl)核能廠爆炸是再一次核能廠意外，故近年來因各國反核情緒之高漲，核能廠的興建已大幅度降低。

4.核能原料儲存

全球鈾原料儲存量很難加以估計，因有些國家將其列為機密，表5.1顯示美國鈾原料的儲備，以目前美國作為和平用途之核能反應爐每年使用量計算，美國境內鈾-235原料的儲存作核能發電使用，將可持續至2020年而不致發生核原料短缺問題。目前的核能電廠中，絕大部分是以熱中子式鈾-235核分裂為能源。有鑑於地球上的鈾-235原料數十年內將用盡，核能工業較先進國家正積極研發前述利用鈾-238滋生反應的快中子滋生反應器(Fast Breeder Reactor, FBR)，簡稱快滋生反應器。快滋生反應器利用快速中子撞擊鈾-238，使其轉化為鈽-239，再繼續作核分裂反應(圖5.22)。有專家預期在2030～2050年間，快滋生反應爐將盛行，以鈾-238與釷-232為原料，代替傳統輕水式反應爐。

5.核能廢料處理

核能電廠的核燃料通常可使用兩年，之後就當廢料處理，因為它仍具有高輻射性，所以處理廢料是一件頭痛的事。核能廢料依據它的來源及放射性強度，可分為低放射性廢料及高放

表5.1

美國鈾儲備及資源估計		
開採成本	儲備(百萬磅U_3O_8)	資源，包括儲備(百萬磅)
\$30/1b (U_3O_8)	300	3800
\$50/1b (U_3O_8)	900	6400
\$100/1b (U_3O_8)	1400	9800

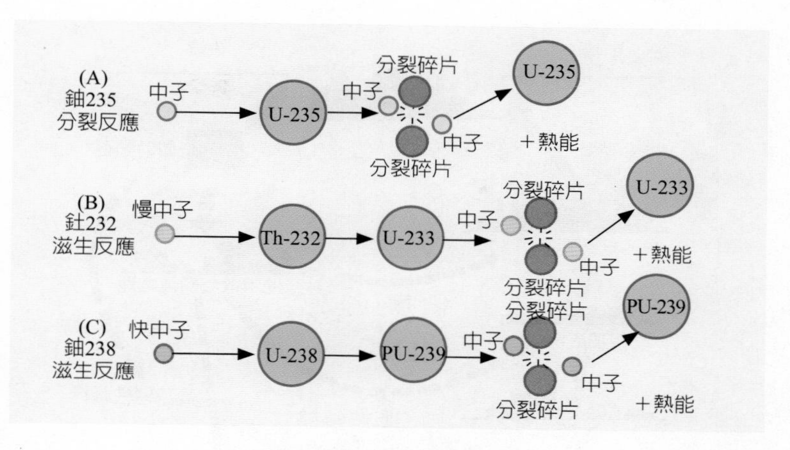

圖5.22：快中子滋生反應器

射性廢料兩類，用過核燃料是一種高放射性廢料。

高放射性廢料因可經再處理，以提煉鈽和鈾重新作燃料使用(圖13.25)，因為天然鈾中鈾−238的含量佔了99.3%，鈾−235的含量只有0.7%，用過核燃料中仍有96%的鈾和1%核分裂產生的鈽，故核廢料均先暫時儲存以備再處理，暫時儲存處多半在核電廠附近，最終低放射性廢料才在人煙稀少處被永久掩埋(圖5.23)。台灣目前作法是台電將用過燃料暫時貯存於核電廠地下貯池，低中強度核廢料亦暫時貯存於蘭嶼及核電廠廠區內的臨時倉庫，這些均非一勞永逸之計。

6.核能發展的經濟效益

核能發展的特點是其建設成本高，燃料成本低，其經濟效益在5.3節再細述。

7.核融合(Fusion)

(1)核融合是結合較小的原子核成為較大的原子核，並釋放

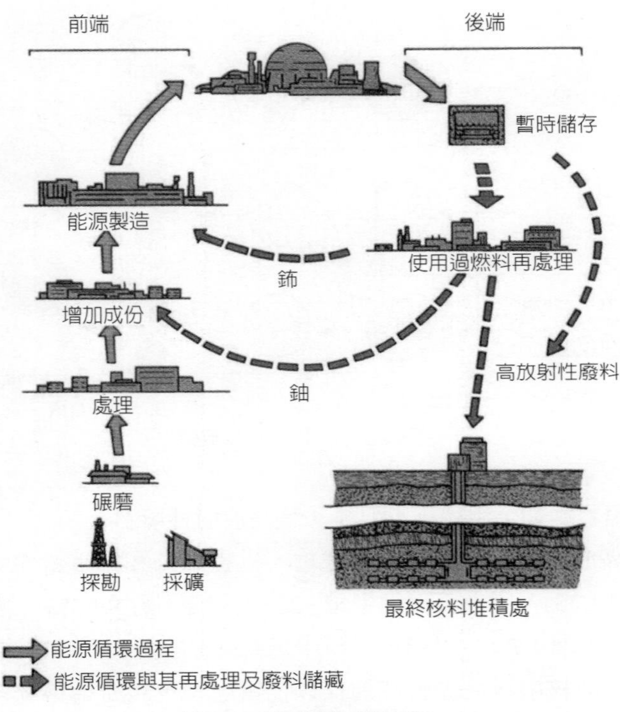

圖5.23：核能廢料處理過程

出能量(圖5.24)。最可能被大量使用的核融合原料是氫的同位素氘($^{2}_{1}H$)與氚($^{3}_{1}H$)，因海洋中含有豐富的氘與氚原料，核融合的技術曾被研發作為氫彈。

(2)氫的核融合反應：

下列化學式是氫的同位素氘與氚作用的核融合反應，生成氦並釋放出能量之反應式。

$$\left.\begin{aligned} {}^{2}_{1}H + {}^{2}_{1}H &\rightarrow {}^{3}_{2}He + {}^{1}_{0}n + 3.27\ MeV \\ {}^{2}_{1}H + {}^{2}_{1}H &\rightarrow {}^{3}_{1}H + {}^{1}_{1}H + 4.03\ MeV \end{aligned}\right\}\text{氘一氘　融合}$$

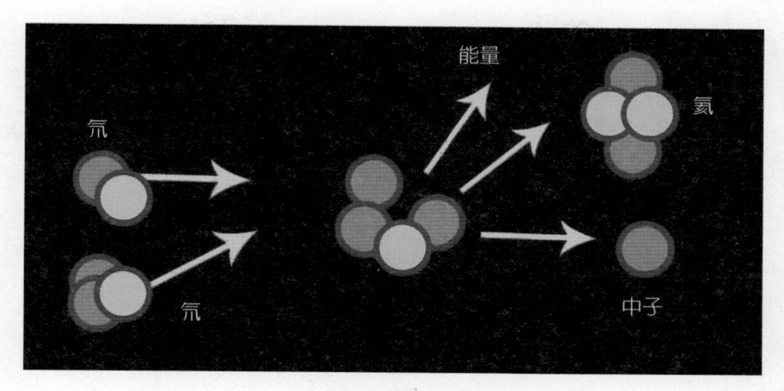

圖5.24：核融合反應

$^{2}_{1}H + ^{3}_{1}H \rightarrow ^{4}_{2}He + ^{1}_{0}n + 17.59\ MeV$　氘—氚　融合

(3)核融合反應過程是乾淨的，不產生污染，並且海洋中有豐富取之不盡的原料供給，所有星球內部燃燒均是藉氫的核融合反應產生。

(4)既然核融合是較核分裂遠為乾淨的核能源，為何不能取為作大量商業用途？主要原因是技術上的瓶頸。要使核融合反應產生其中心溫度將達攝氏百萬度，現今在實驗室裡正在努力研究並測試的可能核融合反應，是以強烈磁場為容器。就目前全球可利用的核子能源來論，氘氚核融合能源以強烈磁場作為限制核能反應(Magnetic Confinement)的容器，是目前最有可能取代石油的能源。

(a)核融合容器Magnetic Confinement Fusion

核融合反應爐之設計目前研究，均集中於設計一個強烈磁場，使限制高溫的核融合反應於其中。其設計中之一構想是使高溫的電漿，不與反應爐之壁接觸，並藉磁場作用於帶電分子，以產生圓形的或螺旋狀的途徑 ，這個問題若能解決則能源危機之困豁然開朗。

(b)冷融合(Cold Fusion)

1989年加州有兩位科學家聲稱技術上發現突破冷融合技術的瓶頸，此實驗之設計是將鈀製之電極置於重水(含豐富的氘)中，電流會分開水分子，故氘離子被驅離至其中之一電極並產生核融合反應。當時此發現曾使社會大眾一陣騷動，不幸的是許多科學家重複此實驗卻都失敗了， 現冷融合之概念已被棄置，但社會大眾對使用核融合取代石油能源仍報以極大期望。

VII. 太陽能

陽光是取之不盡用之不竭的能源，而且另一好處是對環境而言，它是非常乾淨的能源。陽光提供綠色植物光合作用所需能量以生產食物，然而太陽能可能取代其他能源而成為主要能源嗎？

1. 太陽能加熱(Solar Heating)

以陽光得到熱能的方式有兩種：

(a)被動加熱方式：被動加熱方式是最簡單的太陽能加熱方式，不需要任何機械裝置幫助(圖5.25A-B)，建築之設計為使最大量的光線經過窗戶，屋內設計一蓄水槽或吸熱物質以吸收熱能。

(b)主動加熱方式：它需要一些機械裝置，幫助使被加熱的水流至屋內蓄水槽，這種裝置適用於中緯度陽光充足地區(圖5.25C)。

2. 太陽電池

(a)高成本：直接以陽光轉換成電力是藉著光電池(photovoltaic cells)或太陽能電池(solar cells)，目前光電池多使

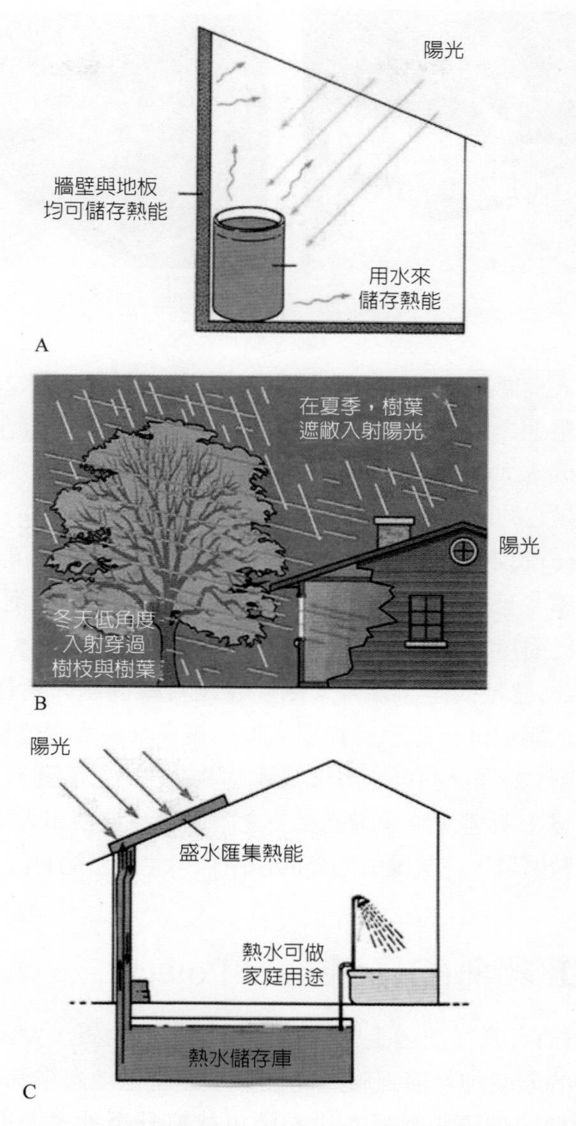

圖5.25：以陽光取得熱能方式 (A-B)被動方式 (C)主動方式。

圖5.26：太陽電池的使用。

用於人造衛星或一些偏遠而電力不能到達地區(圖5.26A)。使用太陽電池之最大限制是它的高成本。未來若半導體工業成長，製造成本大幅降低時，才有可能普及使用。使用太陽電池另一困難是它的低效率。

(b)低效率：在地表光線最強處，每平方公尺可產生250瓦的功率；若作工效率是20%，則要產生100瓦的燈泡，需要2平方公尺面積的太陽能電池，故效率很低(圖5.26B)。

(c)儲藏問題：儲藏太陽能也是複雜問題，對住宅居民來說，太陽電池已能應付需要，但大規模儲藏太陽能目前尚無可能，圖5.27是一些可能用來儲藏太陽能方式之建議。

以上所述使用太陽能諸多之限制，目前使用太陽能還只限於少數區域，在美國太陽能的使用佔再生能源的1%。

VIII. 地熱(Geothermal Power)

(a)岩漿從地函上升至地殼帶來熾熱物質，當流經逐漸冷卻中的岩漿加熱流經附近的地下水即產生地熱來源(圖5.28)。被加熱的地下水藉岩石中裂隙可能竄升至地表而形成間歇泉(geysers)或溫泉(hot springs)，代表著地下熱源的存在，此熱源

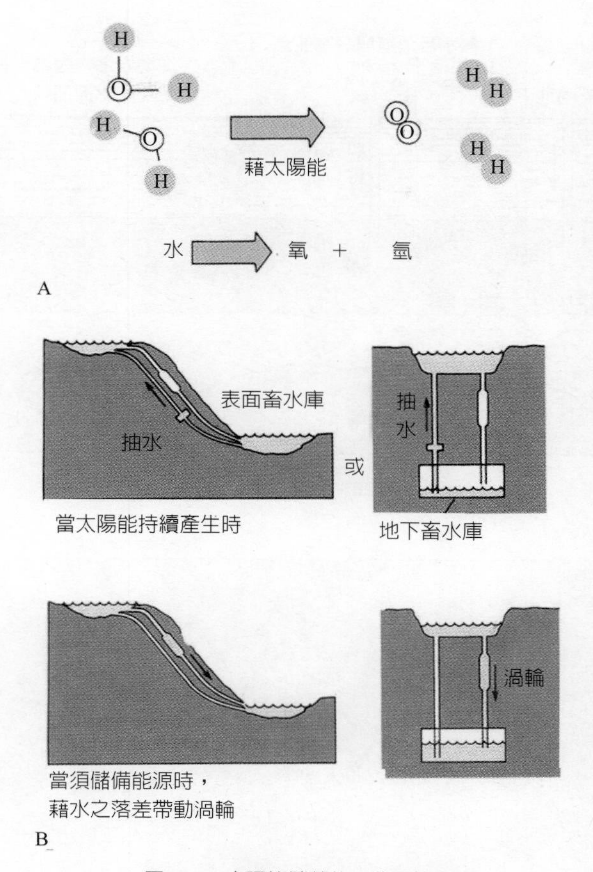

圖5.27：太陽能儲藏的一些可能方式

亦可由地表測定的熱流值而得之。

(b)高熱流值與板塊邊緣岩漿的活動有關，故大多數地熱區都發生於板塊邊緣(圖5.29)。

(c)大多數地熱區附近，地下水被其下的熱源加熱成為水蒸氣，此水蒸氣被引導推動渦輪發電機，與燃燒其他傳統燃料產生水蒸氣發電原理一致(圖5.30)。

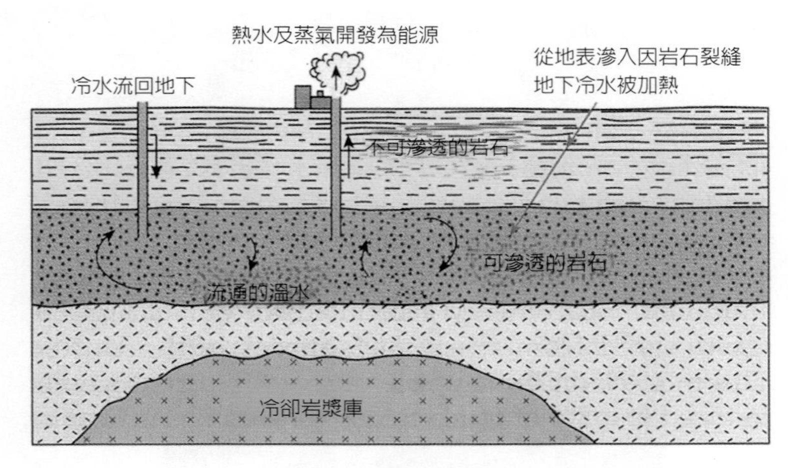

圖5.28：地熱的產生。

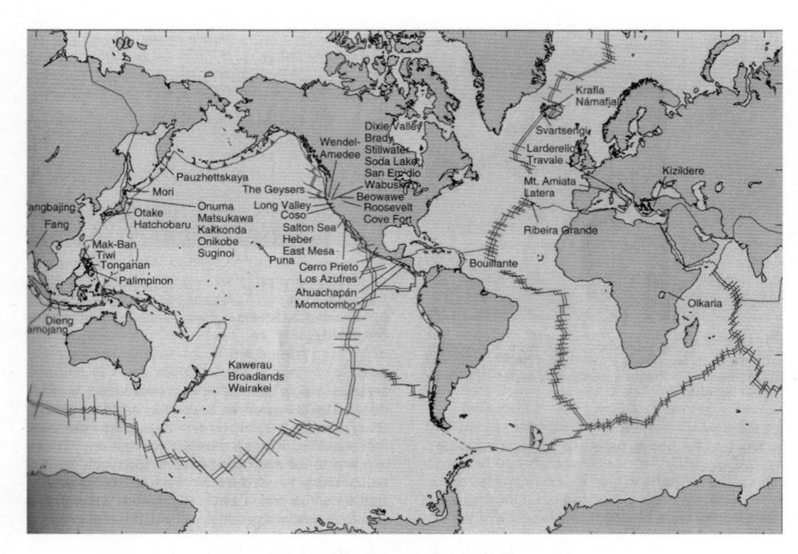

圖5.29：全球地熱的分布

圖5.30：利用地熱發電

(d)因為地熱只限產生於少數地區，故未來地熱只能在這少數地區作為主要能源，在全球它只能作為次要能源。

IX. 水力發電(Hydropower)

(a)水力發電是藉著水從高處落下，藉其落差動力帶動渦輪以產生電力。在美國水力發電提供全國能源的4%，所以也是個重要能源。大部分的水力發電是藉著興建大型水壩，例如克羅拉多河(Colorado River)上的Glen Canyon水壩與胡佛水壩(Hoover Dam)(圖5.31)，壩內裝有巨型的渦輪發電機，利用水力發電(圖5.32)。水力發電電力約佔所有發電廠發電電力的1/3。

(b)水力發電的好處是它是一種乾淨再生能源；缺點是它只限建立於少數特殊地點。水壩的建築費用極其昂貴且因懸浮的沉積物沉積而逐漸減少水壩功能，至終使其完全失效，故水壩均有一定壽命(一般在50年以上)。

圖5.31：美國內華達州的胡佛水壩(Hoover Dam)

圖5.32：胡佛水壩內巨型的渦輪發電機

(c)水壩的優點是它可提供飲水、幫助灌溉、產生水力發電、提供休閒活動場所等。缺點是水壩破壞了野生動物生態環境和歷史古蹟，建造水壩迫使居民遷居，並減少了河流在節制洪水的自然功能。水壩也改變了河流的基準面使沉積物淤積於水壩後，最終水壩將失去儲水功能。水壩給人最大的顧慮是它的安全問題，一旦水壩破裂或其他事故，下游住屋將迅即被淹沒，水壩氾濫所造成慘劇，在美國、法國、義大利都曾發生過。

X. 潮汐能源(Tidal Power)

在有些地點特別是在海灣或內灣處有顯著的潮差(高低潮之差異)處，可在該處建築水壩來調整水的流進流出，並藉以發電(圖5.33)。但要產生商業用之電力潮差必須在5公尺以上，全球能滿足此條件以達到潮汐發電的地點並不多。台灣只有金門馬祖潮差較大，約在5公尺左右，但現在政府仍未有利用其潮差來發電打算。

XI. 風力能源(Wind Energy)

在已過歷史上風力曾是人類常利用的能源，例如荷蘭、丹麥有成千的風車(圖5.34)，商業用途的風力發電多設立於風力盛行處(如圖5.35北加州風力發電)也很普遍。

風力使用的缺點，在於它時斷時續、地點特殊且不易儲存，未來風力發電只適合作為能源之補充。台灣風力發電目前僅限澎湖、新埔等少數幾處，且規模都很有限。

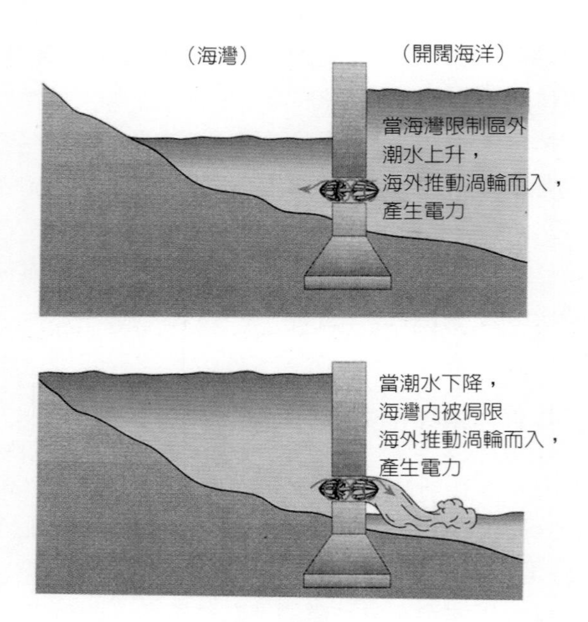

圖5.33：潮汐發電

圖5.34：丹麥的風車

圖5.35：加州棕櫚泉(Palm Springs)處之風力葉輪陣列

XII. 溫差發電

台灣四圍皆海，特別是東部海域水深甚深，所以也有人考慮利用海水表層與底層較大溫差作為能源來源，理論上只要海水表層與底層的溫度相差約攝氏二十度左右，即有可能被用來發電(圖5.36)。其發電方式，是將底部較冷海水抽取至表層，利用表層海水熱能使其蒸發為氣體，以便推動渦輪發電機，其原理與前述核能、地熱發電方式均類似。經過渦輪的氣體，經冷卻恢復原來的液體流經原迴路中。溫差發電能量來自太陽能，是取之不盡乾淨的能源，但因其發電設備體積龐大，製造、安裝及維修困難，發電效率低、成本高等等因素，目前仍只停留在研發階段，不適合大規模的應用。

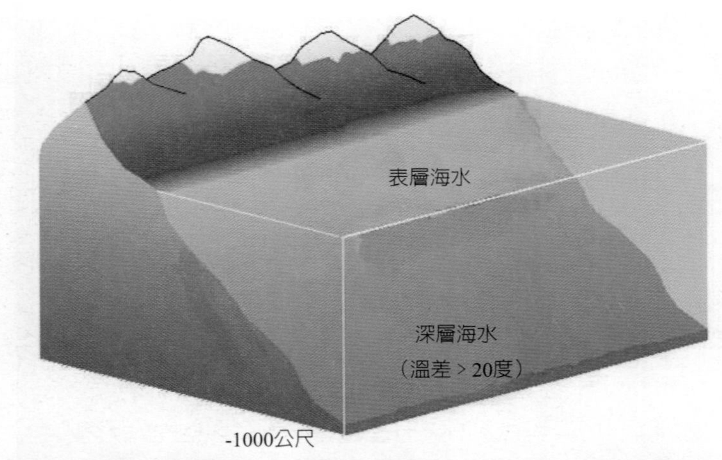

圖5.36：利用海水表層與底層較大溫差，理論上只要溫度大於攝氏二十度左右，就有可能用來發電。

XIII. 生質能源(Biomass)

(a)生質能源是有機物質將陽光轉換為化學能儲存，生質能源包括樹木、木質碎屑、稻桿、糞便、甘蔗、海藻及許多農作物處理中的副產品。當生質能源燃燒時，化學能以熱能形式放出，例如冬日在壁爐中燃燒木頭就是一種生質能源(圖5.37)。幾千年來這是我們的老祖宗所賴以取暖生熱的主要來源，事實上生質能源仍是今天許多開發中國家所賴以為繫的主要能源。

(b)甘蔗就是生質能源的一個很好例子，在美國南方及加勒比海周圍許多小國如古巴等，蔗糖是其主要農作物出產，當甘蔗汁從甘蔗根榨取後，所殘餘的甘蔗渣仍含有部分從陽光轉換的化學能，如同其他的生質能源，蔗渣燃燒可產生熱能(圖5.38)。

(c)乙醇(Ethanol)。是另一個生質能源，例如玉米除食用外

圖5.37：生質能源是利用植物藉光合作用，將陽光轉換為化學能儲存，開發此能源即為生物能源。

圖5.38：生質能源範例

亦可將其蒸餾而成酒精(圖5.39)，在過去約30年間，在有些國家其酒精被用來與汽油混合作為汽車燃料，例如巴西政府規定汽車燃料須混合1/3從甘蔗製造的乙醇，使用乙醇的好處是使我們不至過度倚靠石油為汽車的唯一燃料，原能會核子研究所正嘗試以稻草及海藻提煉酒精，若能開發成功將可減輕石化燃料負荷。

(d)因為化石能源的減少，使用其他代替能源如生質能源等的趨勢會越來越多。燃燒生質能源也會產生二氧化碳而造成溫室效應，但因生質能源的產生來自於植物的生長，期間藉光合作用等量的二氧化碳被消耗，故總體而言使用生質能源不像使用化石能源那樣造成嚴重的溫室效應。在美國有一些生質能源發電廠被用來作為工業用途(特別是木業與造紙業)，未來當更多生質能源被開發代替化石能源發電時，使用生質能源對保護環境的益處會越發顯出，如圖5.40木屑被收集，儲藏乾燥以便之

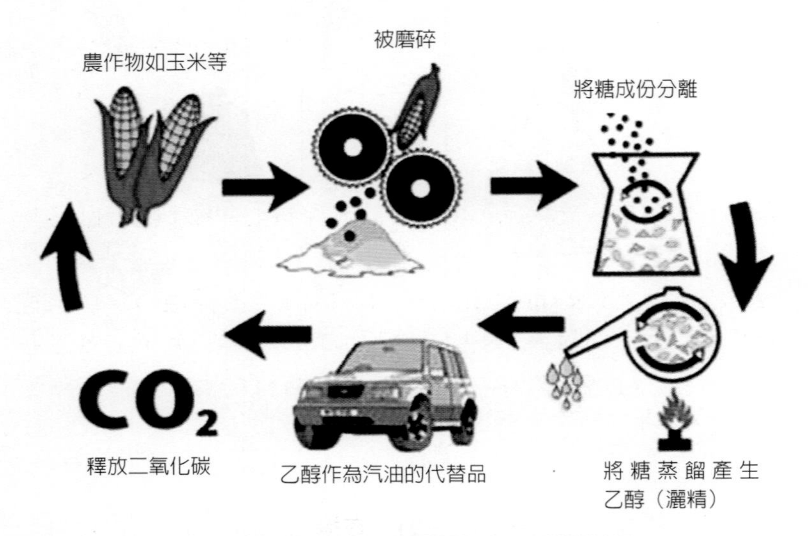

圖5.39：乙醇是現今大眾極為看好的一種生質能源

圖5.40：木屑也是一種可利用的生質能源

後燃燒發電。

(e)巴西目前是全世界最大的甘蔗生產國，年達1000萬噸以上，也使巴西將酒精汽油發展的非常成功，巴西政府規定所有汽車引擎均須使用三分之二比例汽油添加三分之一比例酒精的燃料，即所謂「酒精汽油」，並創下世界各國汽油添加無水酒精比例最高的紀錄，巴西500多萬輛的汽車都使用「酒精汽油」，減少排放汙染源，使得曾經被列為全世界千萬人口以上大城市空氣污染最嚴重之一的巴西聖保羅市，如今反而成為全世界空氣品質最好的城市之一。這個利用生質能源作為替代能源已成為國際的趨勢，巴西已發展成功為國際表率，不僅解決了能源不足問題，也減少了燃燒汽油對環境的汙染，巴西目前每年所生產的生質燃料，佔總能源供給的18.32%，減少了從石油輸出國進口石油金額達690億美元。

5.3 台灣替代能源的展望

近年來油價不斷的攀升，全球目前一直未能發現新的油田，高度倚賴石油與煤的台灣，目前98%能源仰賴進口，發展替代能源實在是當務之急。因全球原油供給漸減，所以各國亦積極探討能源危機各種可能的解決方案，尋找替代能源，台灣也不例外。台灣可以嘗試的替代能源，包括：風力發電、水力發電、太陽能發電、生質能源、核能發電、潮汐發電等，但那些是比較具開發潛力的替代能源呢？

在台灣各種可能石油的替代能源中，有些受限於資源缺乏，不具發展條件，例如煤、天然氣、潮汐發電與地熱發電等；有些需要大量資金，成本是最大的考量，例如風力發電；有些則技術上仍在開發階段無法大量採用，例如溫差發電；有些是成本與技術都待改進，如太陽能。根據上述分析，似乎台灣最具有開發潛力是的是水力資源與生質能源兩項，然而台灣的水力發電已相當被利用，主要河川上都已建築發電廠，產生發電量佔能量總供給的1.45%；未來開發受到優良場址尋覓不易、水力資源多位於偏遠地區、開發成本過高、集水區過度開發嚴重影響水庫壽命以及環境爭議民眾抗爭等等前題影響，開發相當不易。

關於發展生質能源，可以考慮的是利用台灣休耕期24萬公頃的土地種植生質能源作物，可減少政府休耕期補助款118億支出，亦可以增加農民收入，如果再加上台糖5萬4千公頃土地也改種生質能源作物，在國際高油價考量下或者有利可圖。行政院的評估，生質能源在台灣的應用潛力，未來將佔有總再生能源潛力的45%至52%。然而考慮台灣四境多山，可耕地面積有限，發展農業尚可自給自足，要把現有農耕地轉種生質能源作物，可能引發糧食短缺現象。而且台灣能源中98%倚靠進口，其中原油佔51.3%，液化天然氣佔7.6%(經濟部能源局2005年資料)，以巴西地大物博，全力發展生質能源三十多年，所產生質能源尚只不過佔能源總供給的18%，何況以台灣有限的耕地，要在後石油時代發展生質能源以代替石油的供給比例幾乎是不可能的。

不少學者，包括李遠哲先生均以為，台灣替代能源發展方向，應該採積極發展核能。台灣核能發電目前佔能源供給的7.3%(見圖4.12)，未來應增加這個比例。由於核能電廠的建廠成本所佔比例高，相較下燃料成本僅佔15.9%。天然氣發電成本中，建廠成本所佔比例低，但燃料成本卻高達82.8%。因此如果國際上燃料價格產生波動，會對天然氣發電的成本產生較大衝擊。相較下核能的發電成本較穩定，核能發電的成本受國際能源價格波動的影響較小。再加上核發電所使用的燃料體積小、運貯方便，能源依賴進口的國家使用核能發電，可以降低能源危機發生時造成的衝擊。尤其不久將來當快中子滋生反應爐技術更成熟，以鈾-238與釷-232為原料，代替傳統輕水式反應爐時，原料的來源會更充足，核能發電必然是未來全球替代能源發展的主流。

我們的鄰國日本就是發展替代能源最好的借鏡，日本與台灣相同，都是板塊活動劇烈地震頻繁國家，然而至2007年日本已有數量多達55座居世界第三的核能發電機組，核能發電佔日本電力供應的35%，日本且計劃將核能發電比率提升至70%。此外日本也計劃將快中子滋生反應爐的建造，運轉日期提前至2025年，逐漸取代大多數的傳統輕水式反應爐。為防範能源危機，日本主要能源政策項目之一，是增加戰略儲備量，目前日本國家石油戰略儲備量達5100萬千升，足夠日本全國使用半年以上，日本也制定了一個總量達到30.4萬噸天然鈾的儲備計劃，屆時天然鈾的戰略儲量可供日本全國使用20年之久。這些政策都是未雨綢繆，為著一旦國際能源危機早作準備，基於國家安全的考量，儲備一定數量燃料，一旦國際情勢發生重大變化，可以維持能源的正常運作。日本與台灣風土人情相近，它在發展替代能源中的一些歷程，值得我們仿傚。

第五章問題

1. 液化天然氣能取代石油作為其替代能源嗎？
2. 請說明氫經濟。
3. 請說明氫燃料電池原理。
4. 為何氫經濟的運需要至少十到二十年才能成功？
5. 煤為何不能作為替代能源以代替石化燃料？
6. 油頁岩作為主要能源的限制在那裡？
7. 使用太陽能為何不能作為替代能源以代替石化燃料？
8. 何謂核分裂反應？何謂核融合反應？
9. 請繪一原子爐結構簡圖並藉此圖說明核能使用的安全性。
10. 現階段使用核融合反應作和平用途的技術瓶頸在那裡？
11. 核能廢料應如何處理才恰當？
12. 簡述水力發電的優缺點。
13. 發展生質能源有什麼限制？
14. 台灣替代能源的展望如何？

第6章

全球暖化

6.1 前言

也許現今的天氣真是有點變了，幾十年前記得台灣的夏天並不是這麼熱，吹吹電風扇也就過的去，冬天則常常冷到田野下霜凍壞農作物.；近些年來似乎夏天都是異常炎熱，戶外溫度常接近攝氏四十度，居家不開冷氣幾乎不能過日子，而冬天又異常暖和，有時穿個短衫也能應付過去。以上不過是個人一些點滴感受，但也可見全球暖化現象的確已經影響了我們的生活，本章我們要來談談這個近一個半世紀來過度使用化石能源所產生的全球暖化問題。

關於全球暖化，過去存在著兩派見解。一派認為全球目前處於間冰期，氣溫升高，海平面逐年上升，故暖化是自然界正常現象。一派則認為全球暖化是人為造成的，從二十世紀初內燃機被發明，人類開始大量燃燒石油排出二氧化碳，造成大氣層中溫室氣體比例大幅增加，它們吸收熱能使得全球氣溫上升。雖然學術上過去兩派都有理論支持，但近年來越來越多新的證據，顯示人為造成的全球暖化可能性很高，而且大部分的科學家都支持人為產生的全球暖化理論。

2007年美國前副總統高爾與聯合國所屬的政府間氣候變遷委員會(Intergovernmental Panel on Climate Change, IPCC)，共同獲得諾貝爾和平獎，得獎原因是因他們致力於傳播有關人為氣候變遷的知識，並積極推動遏阻氣候變遷所需措施。高爾與其團隊曾製作了一部「不願面對的真相」影片，描述未來世界可怕光景，大聲疾呼我們須節制使用化石能源，曾引起大眾廣泛迴響和關切。他在片中甚至提出若氣溫繼續上升，北大西洋洋流的循環受影響，我們有可能被迫進入一個冰河時期，更是聳人聽聞。

6.2 全球暖化的定義

全球暖化是指接近地表處的大氣和海洋的平均溫度在一個多世紀以來明顯增加的現象， 過去一個世紀以來(西元1906～2005年)，全球表面平均溫度上升了約攝氏0.74度(華氏1.33度)(圖6.1)，並且此增溫的趨勢仍在繼續中。

大多數科學家相信，全球暖化的原因主要是人為因素造成的。自從一百多年前內燃機被發明與製造，人類開始燃燒化石燃料並排放了大量的溫室氣體至大氣層中，加上大量林木的清理和耕作等都增強了溫室效應。以往大眾普遍認為此溫室氣體主要指的是二氧化碳(CO_2)，但近年來很多研究顯示，甲烷(CH_4)、二氧化氮(NO_2)與氟氯碳化物(CFC_S)等氣體因大量被排放，它們產生的溫室效應也幾乎近同於二氧化碳。除了上述溫室氣體促成的增溫因素外，自然的現象如：太陽的變化、火山灰的噴發等等，對大氣溫度的增加也有些影響，我們在這裡也一起談談。

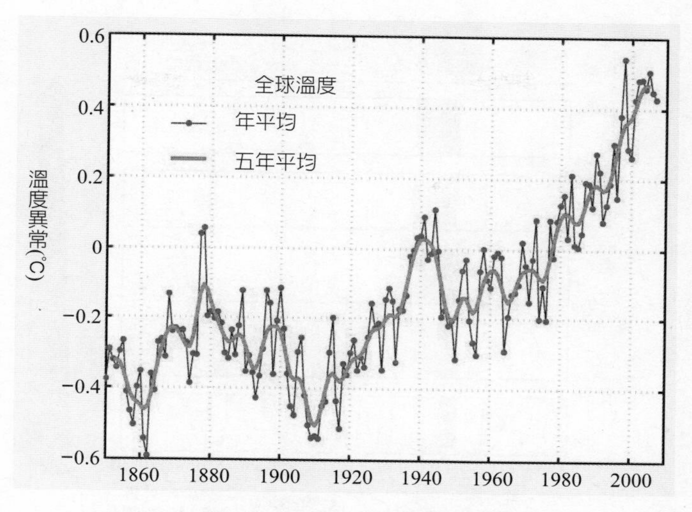

圖6.1：西元1850 至 2005年全球表面溫度變化

6.3 大氣暖化的機制

1. 溫室氣體

地球上大部分的熱能主要是由陽光的輻射而來，但它不是直接加熱大氣。太陽光的輻射是一種短波輻射，其輻射範圍包括紫外線(波長0.2至0.4微米)、可見光(波長0.4至0.7微米)及紅外線等。當陽光穿射過大氣時，少部分短波輻射熱能被吸收，例如臭氧(O_3)吸收了紫外線以及可見光波長在0.4至0.56微米部分光譜，水蒸氣吸收了少部分幾段波長在0.7至4.0微米部分光譜，此外二氧化碳(CO_2)、甲烷(CH_4)、氟氯碳化物(CFC_S)等氣體也吸收了少部分太陽輻射的熱能。輻射熱能被各種氣體選擇性吸收的現象稱為選擇性吸收，這可能與各種氣體分子內部結構有關(圖6.2)。

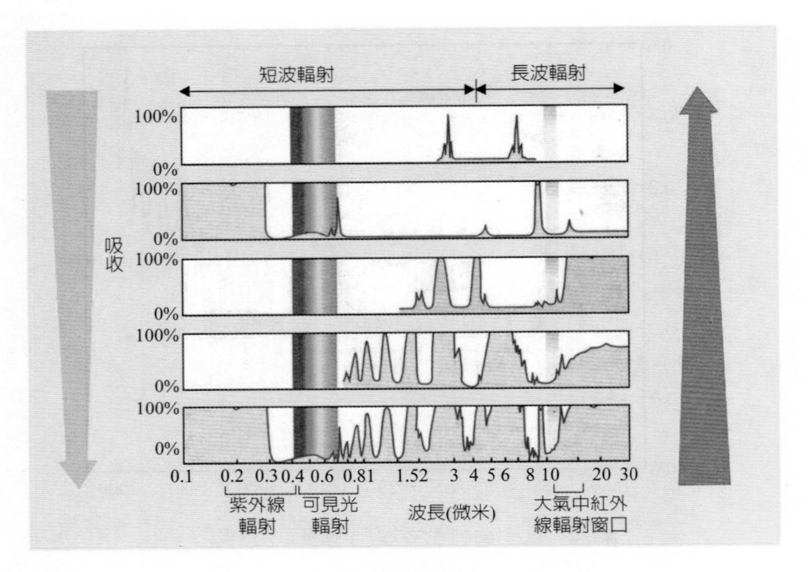

圖6.2：大氣對短波輻射與長波輻射的吸收。

當陽光照射地表一段時間後，地表被加熱而放射熱輻射(紅外線輻射)或稱長波輻射，波長在 4 至100微米之間(圖6.2)。長波輻射幾乎全部被大氣中的溫室氣體如二氧化碳，甲烷、氟氯碳化物、水蒸氣及微塵等吸收，只有波長在10至12微米間的長波輻射例外，可看為紅外線大氣窗戶(圖6.2)，因此將一部分熱能釋於外太空中。溫室氣體吸收熱能使大氣變暖現象，便稱為溫室效應(Greenhouse Effect，圖6.3)。

2. 回饋機制（Feedback Mechanism）

上述大氣增溫的機制又受到另一個機制影響，即大氣的回饋機制，將起初大氣溫度改變現象加強或減弱，稱為正回饋機制(positive feedback mechanism)或負回饋機制(negative feedback mechanism)。

圖6.3：大氣層內的溫室效應

(1)正回饋機制：

(a)水的蒸發：地球的大氣與海洋本來在一個平衡狀態中，其平衡受密度、溫度、壓力等因素的支配，全球暖化使得海洋的溫度增高，因此有更多的水分子得到能量蒸發成水蒸氣，水蒸氣是主要的溫室氣體，因此又回饋大氣的溫室效應，使得溫室效應的效果更加劇(圖6.4)。

(b)冰的反射(ice-albedo)：冰的反射作用是另一個正回饋機制，圖6.5說明這個機制，當地球變冷，南北級的冰被面積增加，地表比之前反射更多日光，減少了地球從太陽光所能取得的熱能，因此地球變的更冷。反之亦然，當地球變熱，南北級的冰被面積減少，更多的陽光被海水吸收，地球變的更熱。

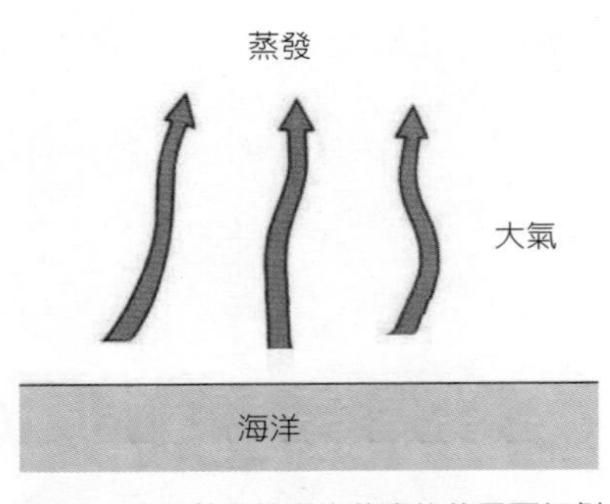

圖6.4：水的蒸發使溫室效應的效果更加劇

(2)負回饋機制：與上述現象相反的是負回饋機制，負回饋機制會減弱氣溫改變的趨勢。例如光合作用就是一種負回饋機制，當大氣中的二氧化碳濃度增多，因植物是藉光合作用吸收二氧化碳與水製造糖並釋出氧氣，故二氧化碳增多有利於植物的生長，更多植物的生長就產生更多光合作用，吸收更多大氣中的二氧化碳，使得大氣

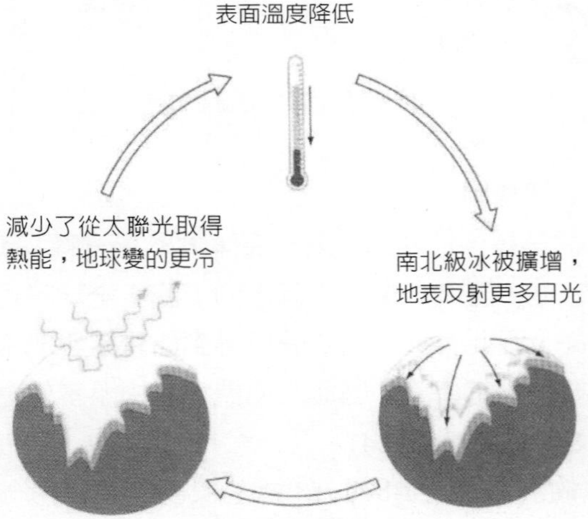

表面溫度降低

減少了從太聯光取得熱能，地球變的更冷

南北級冰被擴增，地表反射更多日光

圖6.5：冰的反射作用是一種正回饋機制

中的二氧化碳濃度減少，抵制了起初大氣中二氧化碳濃度增多的趨勢，所以這是一個負回饋機制(圖6.6)。

(3)雲的回饋機制：雲的回饋機制對地表氣溫變化有很大的作用，但它是比較複雜的，雲可以反射也可以吸收陽光的能量。從雲層上方來看，雲層頂反射陽光並放射熱輻射至太空(圖6.7)，所以當雲層密佈時大部分陽光的能量被反射或被雲層吸收

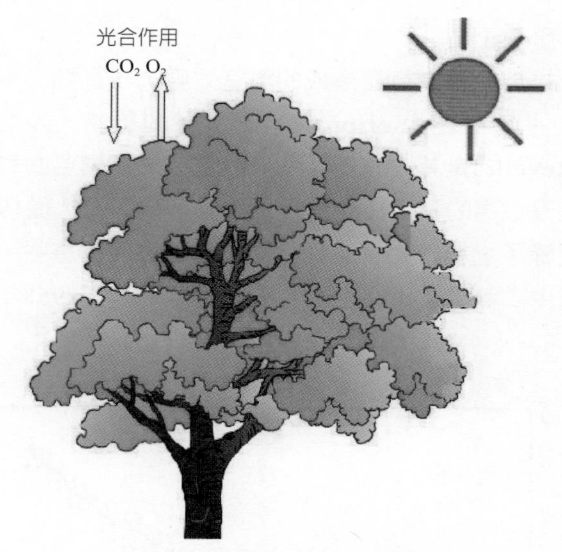

圖6.6：光合作用是一種負回饋機制

圖6.7：雲的回饋有正負兩種機制

而使地表變得涼爽。但從雲層下方來看，雲層也可放射熱輻射至地表使地表變得溫暖(圖6.7)，由此可知雲的回饋有正負兩種機制，它們的淨效果是正或負取決於雲層的高度和型態，雲的回饋對地表溫度的變化影響是很大的。

6.4 全球暖化的產生因素

1. 人為的溫室氣體

人為排放的溫室氣體造成的溫室效應，一直到二十世紀中葉才被人注意，美國Scripps海洋研究所的羅傑．芮維爾教授(Roger Revelle)是首先體認溫室氣體造成大氣增溫的科學家之一，他在夏威夷的莫納羅亞火山上設立了觀測站，從1958年起忠實的記錄了近地表大氣層每日二氧化碳濃度，這些紀錄強烈證明大氣中二氧化碳大幅增加的事實(圖6.8)，從1958年的濃度

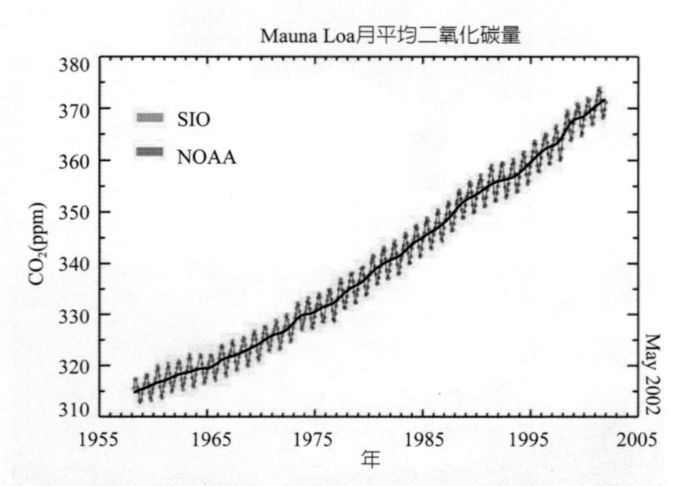

圖6.8：羅傑．芮維爾教授忠實記錄了五十年來近地表大氣層二氧化碳濃度逐年增加

百萬分之二百八十增至2005年的百萬分之三百八十一，每年增加約百萬分之二(圖6.8)，根據芮維爾教授的研究，二氧化碳的增加反映了約百分之六十三的溫室效應。

2. 太陽照射

有一部分學者認為太陽的活動也是促使近來溫室效應的部分原因，他們從個別的研究中指出，過去幾十年氣溫改變的10%至30%可能來自太陽輻射的增加，因此不能完全將近年來氣溫增加歸因於人為溫室氣體的排放。我們無從判斷此兩派觀點的真偽，但可歸納的說太陽輻射觀點不代表主流思潮，而且從近三十年太陽輻射變化似乎也看不出任何明顯增加的趨勢(圖6.9)。太陽輻射週期性的變化受到太陽黑子的支配，太陽黑子是太陽表面一種熾熱氣體的巨大漩渦，溫度大約為攝氏4500度。因為太陽表面溫度為攝氏5000度，太陽黑子的溫度比太陽表面溫度低，所以看上去呈深暗色的斑點。太陽黑子活動的週期是十一年，太陽輻射也根據太陽黑子的活動作週期性的變化，因

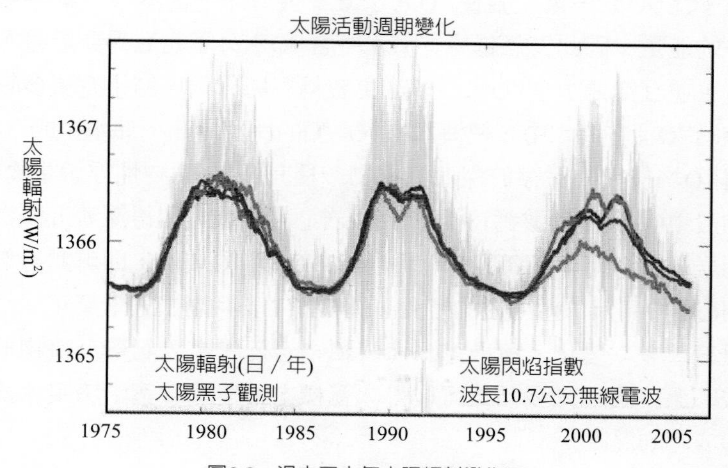

圖6.9：過去三十年太陽輻射變化圖

為近三十年太陽黑子的活動並未顯示任何異常(圖6.9)，因此持太陽輻射造成溫室效應的觀點仍不夠有說服力。

6.5 全球氣溫的變化

為了更深體會全球暖化，我們不訪來看看過去歷史上氣候的變遷。地球上曾有多次的氣候變遷，這些均顯示於氣溫的改變上。

近一百多年來氣溫的變化在陸上有固定的氣象觀測站溫度計紀錄可查，在海上則有許多行駛的商船記載氣溫資料，此外近數十年藉著氣象衛星的遙感探測之助，海面與大氣的溫度更可準確的取得，因此近一百多年來氣溫的紀錄是相當精確的。

至於百年前過去歷史上氣溫的變化就沒有確實溫度紀錄可查，而必須借助其他方法幫助，例如深海沉積物的岩蕊(core)或冰蕊(圖6.10)中所測得^{18}O與^{16}O之比值可換算沉積物或冰蕊形成時溫度。這是因為$^{18}O/^{16}O$值的變化與過去海水的溫度有關，^{18}O原子比^{16}O原子重，要使^{18}O的水分子從海洋表面蒸發，需要較多的能量。因此天氣越冷，海水中含^{18}O水分子越難得到能量蒸發，並且空氣中含^{18}O水分子也更容易凝結降雨，結果有更多較重的^{18}O留在海水中，使海水中$^{18}O/^{16}O$的比值昇高。海水中的^{18}O與^{16}O均被完整保存於深海沉積物一種有孔蟲(動物性浮游生物)的殼中(成分是碳酸鈣)。我們使用岩心鑽取裝置取得深海沉積物的岩蕊後，在岩石實驗室化驗岩蕊中^{18}O與^{16}O成份，即可測得如圖6.11中所示$^{18}O/^{16}O$值的變動，圖6.11中表明過去五十萬年海水溫度曾多次變化。與取得深海沉積物岩蕊標本以測得沉積物形成時溫度同理，我們也可取得冰蕊標本，在實驗室中決定冰蕊形成時的溫度。

圖6.10： 每公尺冰蕊紀錄五百年海水溫度變化

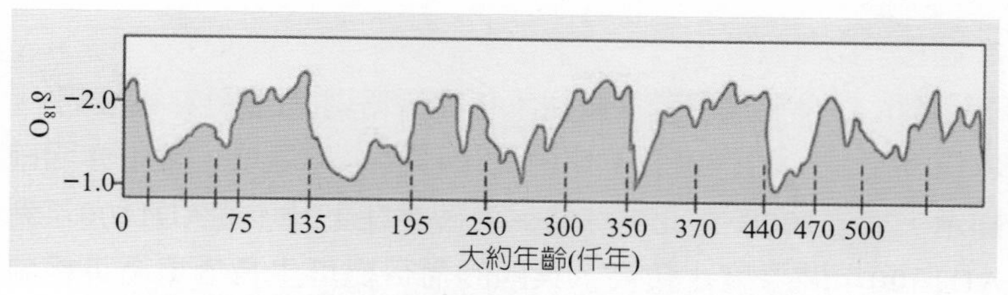

圖6.11： 岩蕊記錄過去百萬年氣溫變化($\delta^{18}O$顯示海水冷熱)

1. 過去百年氣溫變化

如圖6.12所示，過去一個世紀以來記錄顯示，全球表面平均溫度上升了約攝氏0.74度。圖中亦顯示從1990年起全球每年平均溫度都比往年高，且有十年位於一百多年來前十名，2005年是過去400年最熱的一年，平均溫度是58°F，高於一個世紀前1°F。特別是從1980年代起，溫度幾乎逐年增高，

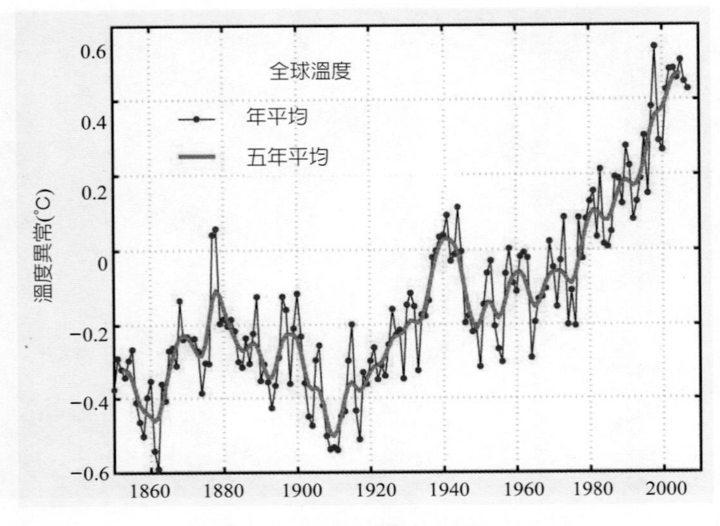

圖6.12：過去百年多來氣溫記錄

2. 過去千年氣溫變化

圖6.13是氣象學者採集樹木年輪、珊瑚礁(成分亦碳酸鈣)、冰蕊等記錄，所得過去千年中北半球的平均溫度。圖中亦明確顯示，過去100多年北半球的氣溫確實在上升。從AD1100年到AD1300年間溫度比較高，英國的葡萄樹可生長最遠至英格蘭東北的約克郡。從AD1400年到AD1850年間溫度都比較低，此時期被稱為歐洲與北美洲的「小冰河時代」(Little Ice Age)，波羅的海和倫敦的泰晤士河在冬天常常結冰；生長期縮短；在特別寒冷的冬天，大量的家畜被凍死。為何在這一千年中有較熱與較冷的不同期間，地質上沒有任何事件可以對照解釋，歷史上有幾次火山噴發，但火山噴發灰塵遮蔽部分陽光至多數年之久，而二氧化碳與甲烷等溫室氣體濃度在這段期間記錄也無明顯改變，也有人提議可能由於太陽的變化，但這也無確切的證據。也許上述氣溫變化並不須要其他外在因素解釋，可能純粹

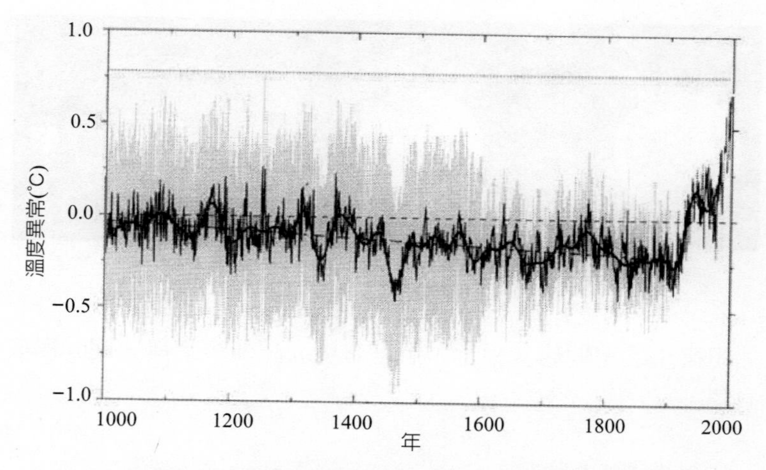

圖6.13：過去千年來北半球的平均溫度，顯示近百年來北半球的氣溫上升

出於大氣或海洋本身內部的變化或者是因大氣與海洋之間的交互作用。

3. 過去百萬年氣溫變化

由前述深海沉積物中$^{18}O/^{16}O$值可測出過去海水溫度的變化，我們可以據此重構過去百萬年地表上氣候變遷，在過去百萬年期間，我們至少可以拼出6到7次較冷的冰河時期，如圖6中顯示在過去的五十萬年之間至少有五次的海水變冷紀錄。地球上為何有週期的氣候變遷？有人認為是下列諸因素之一造成：(1)太陽黑子異常的活動(2)大陸周期性的裂開並漂移影響洋流的變化(3)火山異常的活動造成火山灰大量噴發，遮蓋了太陽的輻射(4)歲差(Precession)：如圖6.14中地球自轉軌道軸心傾斜，其本身一如陀螺般繞著中心轉動(呈角度22°-24.5°)，在物理學上這種現象稱為進動，在天文學上稱這種現象為歲差，歲差使地球週期性的與太陽距離有遠近之別，因歲差之週期(二萬三千年)與

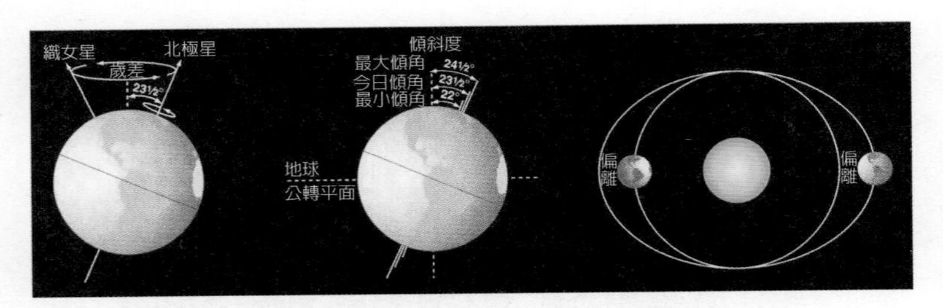

圖6.14：地球自轉軌道軸的歲差可能與冰期的形成有關

冰川發生之週期略為相近，所以有些人認為歲差與冰期的形成有關。

4. 未來全球氣溫預測

IPCC關於未來全球氣溫曾提出下列預測(IPCC, 2007)：

全球的表面氣溫至21世紀末了，相對於1980-1990年代可能增加1.1℃至6.4℃(2至11.5℉)，根據溫室氣體釋放到大氣的速率而定，如圖6.15中幾種假設，最佳估計為1.8至4.0℃(3.2至

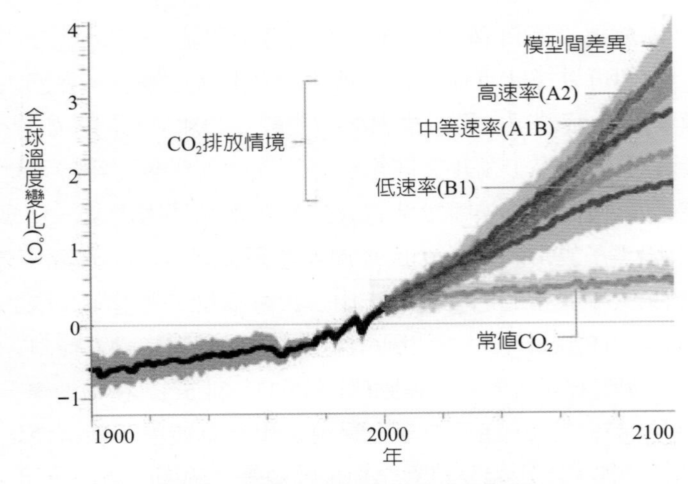

圖6.15：IPCC未來百年全球氣溫預測

7.2°F)。並且暖化的速率各地並不平均，一般說來陸地暖化速率比海洋快，因為海洋的熱容量較大(海水可儲存潛熱)；高緯度區域增溫較快，因冰的溶化減少了冰的正回饋作用(如前所述)；大部分的北美洲、非洲、歐洲、北亞與中亞、大部分的中美洲與南美洲等區域都將經歷較平均值還高的暖化速率。

也許一百年內每日溫度變化1.8至4.0℃似乎並沒有什麼，但是以全球平均氣溫來看，這個溫度變化的數字卻是相當驚人，想想看在已過的幾次冰期中，冰期與間冰期的全球平均溫度差也不過攝氏5°到6°左右。IPCC估計21世紀末了全球平均氣溫增加攝氏1.8至4.0℃，也就是相當於幾乎1/3到2/3個冰期間氣候變化，這樣快速的平均氣溫變化其影響必然是驚人的。而因著陸地與海洋、高緯度與低緯度暖化速率的差異，有些地方的暖化速率可能遠大於平均值。台灣地區的暖化速率，根據美國國家海洋暨太空總署(NOAA)資料顯示，過去一百年平均增溫速率一點四度，是全球平均值的兩倍，近三十年平均增溫速率更是全球平均值的三倍，因此台灣地區受到暖化的衝擊必然非常顯著。

6.6 全球暖化的影響

政府間氣候變遷委員會(IPCC)曾分別於1991，1995，2001，2007動員了超過130個國家，2000位以上的科學家的合作，提出四次的評估報告(IPCC Assessment Report)有關全球暖化可能造成的影響，這些報告都可在IPCC網站下載。在IPCC第三次的評估報告中，尚將人類活動評估為「可能」(likely)是導致全球暖化的原因；但在2007年的第四次的評估報告中已將人類活動的影響列為「非常可能」(very likely)是當前全球暖化的主因，但如此快速的暖化會帶來全球什麼樣的影響呢？

1. 極端氣候增加

首先，極端氣候(Climate Extremes)會增加，受到全球暖化的影響，包括乾旱、豪雨，或其他劇烈天氣的發生頻率和強度都會增加。從圖6.16中可見，當暖化效果顯著時，整個氣溫分佈機率曲線會往增溫方向移動，假設高過某臨界值為熱的極端氣候，低於某臨界值則為冷的極端氣候，暖化的結果導致高溫情況的發生頻率昇高，低溫情況的發生頻率降低。其中受影響最顯著的便是水文循環(Hydrologic Cycle)，由於海洋溫度增加，水蒸發加快，大量水氣被輸送進入大氣，會導致有些地區短時間內降雨量升高，使暴雨及暴雨造成的水災、岩石崩、泥流、土石流等天然災害發生的頻率提高。有些地區降雨量反而減少，變得更乾旱，導致內陸地區沙漠化加速，沙漠有擴大的危險。因高緯度暖化速率較低緯度快(如前節所述)，高緯度極端氣候增多的影響可能更顯著。

關於全球暖化是否使熱帶氣旋(颶風、颱風)發生的頻率和強度增加，因為熱帶氣旋的形成需要廣大的水域、較高的洋面

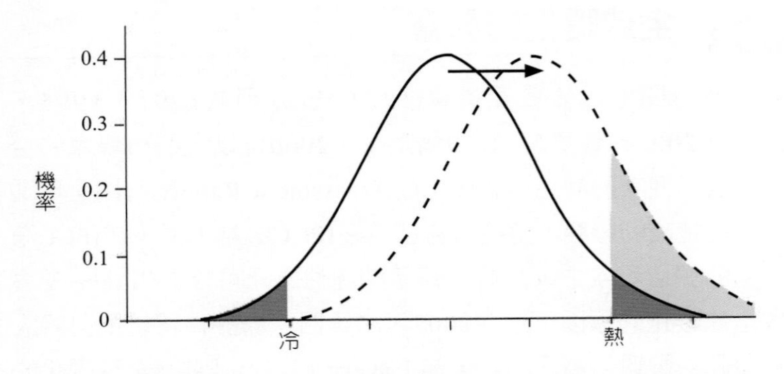

圖6.16：受到暖化影響，氣溫分佈機率曲線將往增溫方向移動，極端氣候將增加。

溫度、大氣氣流的穩定等許多因素，因此可以想見當洋面變得更暖時，因熱流的擾動而形成熱帶氣旋的機率會增加，並且也更容易發展成強烈氣旋，近年來熱帶氣旋在太平洋、大西洋和印度洋，都有顯著逐年增多和增強趨勢。然而在電腦模擬(simulation)熱帶氣旋的形成時，需要搜集大氣氣流的詳細資料，因此在電腦的模擬上比較困難，而且不同模型常推導出相異的結果，所以使用電腦模擬方式證明暖化使熱帶氣旋增加和增強，仍有不少爭議。

2. 海平面上升

海平面上升可定義為由於全球暖化而造成海平面的上升，根據IPCC報告，在1961-2003年期間，海平面上升平均速率每年為1.8毫米，但在1993-2003年期間，海平面上升平均速率每年為3.1毫米。IPCC預測本世紀末可能再增溫1.1℃至6.4℃(2至11.5°F)，IPCC因此預估全球海平面在本世紀末將再上升20到90厘米(10至23 英吋)，之後還會繼續上升(圖6.17)。

海平面快速上升，主要是藉著兩個物理現象：海水的熱膨脹以及冰川的快速融化。在正常狀況下，高山雪線以上的冬季降雪及夏季融雪速率是相當的，因此高山冰川能維持在雪線高度。近年來全球暖化使高山降雪及溶雪的平衡改變，結果造成所有南北半球的高山冰川都在快速的後退(Retreating)，例如喜馬拉雅山的Rongbuk冰川過去三十年已經後退了230公尺(如圖6.18)。

格陵蘭島冰層(Greenland Ice Sheet)及南極大陸的西南極冰棚近年來的融化速率，更是到了極為驚人的地步，圖6.19顯示格陵蘭島冰層近年來快速融化。IPCC認為格陵蘭島冰層及南極大陸的西南極冰棚的快速融化，「非常可能」(very likely)就是

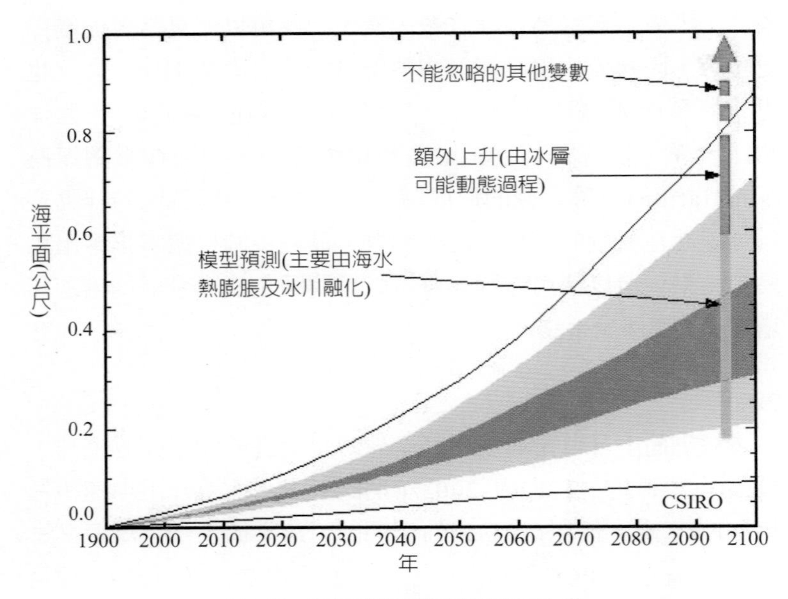

圖6.17：IPCC預估未來百年海平面上升

圖6.18：喜馬拉雅山的Rongbuk冰川過去三十年後退230公尺

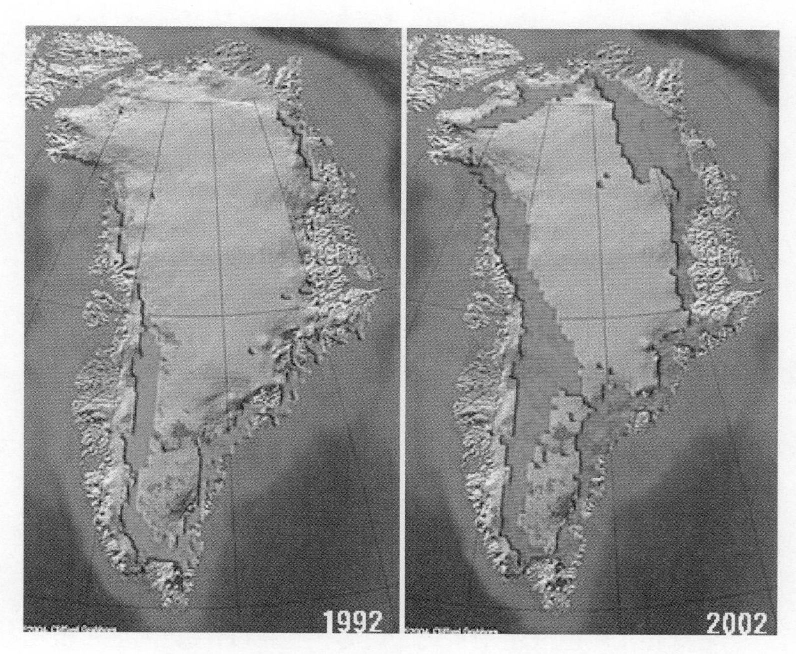

圖6.19：格陵蘭島冰層近年來快速融化，圖為1992年與2002年冰層比較

1993-2003年間海平面加速上升主要原因。高爾團隊在其「不願面對的真相」的書籍及影片中，更評估如果格陵蘭島冰層全部融化，或是半個格陵蘭島冰層加上半個南極西南極冰棚融化，全球海平面將上升5.5至6公尺(18至20英呎)。如果高爾團隊所引用數字正確，則屆時許多海拔較低地區會被海水淹沒，例如大洋洲島國圖瓦魯已被淹沒，更可怕的是許多沿海地區及城市也會遭到淹沒，情勢將極為嚴重。因著世界人口分布於沿海地區遠大於內陸地區，全球約有三分之一人口居住於距離海岸50公里以內地區，海平面上升必然引起大量人口的遷移。許多大城市均濱臨港口，如紐約、舊金山、邁阿密、北京、上海等大都會都可能面臨海平面上升帶來的困擾，台灣西南部地區也將面

臨嚴重的海平面上升問題。

3. 生態系統改變(ecosystem)

一些植物與動物構成區域的生態系統對氣候的變化是非常敏感的，全球暖化已經開始影響生態系統，許多研究報告都證實此點，歸納為以下幾項：

(1)氣候變遷威脅了許多物種的生存，有些物種甚至將因此瀕臨絕種。根據IPCC第四次報告，當全球平均溫度比1990 年增高1℃，會使珊瑚白化(bleached)，使全球10%的生態系統變質(圖6.20)；增高2℃時全球將有大量珊瑚死亡，六分之一的生態系統變質，約有四分之一的物種會滅絕。當增加至3℃，地球上的陸緣植物將成為碳的唯一來源，超過五分之一的生態系統變質，將近30%的物種會滅絕。科學家且預言全球所有珊瑚在2050年以前都會全部死亡。

全球暖化所造成生物系統的影響，包括(1)在範圍上，植物和動物的範圍，向兩極和高海拔遷移，例如歐洲和北美的蝴蝶

圖6.20：澳洲大堡礁的珊瑚遭嚴重白化情形(2006年)

將它們的活動範圍向北移動了200公里。(2)在豐度上，植物和動物的種群數量發生了變化，在一些地方增多，而在另外一些地區減少。(3)在生物氣候學上(phenology)：許多物種生命週期改變，如開花期、遷移和昆蟲出現的提前或延後，例如青蛙的產卵、花的開放以及鳥類的遷移時間都提前，台灣高山櫻花近年來都提早幾個月開花。(4)差異變化(differential change)：物種以不同速度和不同的方向在改變，造成物種間相互作用的崩解 (例如，捕食與被捕食的關係)。

由於兩極冰山迅速融化，近極地的生態系統受到的影響最為嚴重，例如北極熊(圖6.21)被迫進行長泳覓食而溺斃數量大增；南極浮冰範圍縮小減少了食物來源，使得帝王企鵝數目銳減；西伯利亞的凍土(苔原)漸漸解凍，使苔原生態系統逐漸

圖6.21：暖化使得北極熊頻臨絕種

減少。

(2)一些疾病傳媒因全球暖化而大量繁殖，由於大氣溫度升高，導致熱帶傳染病向高緯度、高海拔地區蔓延散播。而過去在低溫下難以存活的病毒隨著冬季溫度上升，有全年活動的可能，有些過去已經得到控制的疾病如結核病等有再度爆發的可能。

(3)全球暖化也威脅到森林的保育，樹木生存期長而且一旦破壞須長時間恢復，所以森林是所有生態系統中受到暖化影響最嚴重的，而且森林佔全球陸地面積的四分之一，因此森林生態受到暖化的影響需要密切注意。例如近年來森林野火發生的頻率和規模都逐年增加，又如美國與加拿大發現有極大面積的松樹林，被一種不停繁殖的甲蟲破壞，幾年內可能完全枯死。根據聯合國糧農組織2007年報告，全球森林現正以每年約730萬公頃的速率消失，森林會吸收大氣中的二氧化碳，有助於抑制造成全球暖化的溫室效應氣體，全球森林面積逐年減少，將使全球暖化之勢更加劇。

4. 影響人類身體健康

前述極端氣候的增加，將影響人類身體健康，近年來夏季常發生熱浪侵襲，溫帶地區老人族群常有熱死情形，例如一九九五年的芝加哥熱浪導致超過七百人死亡，2003年8月法國熱浪，造成10,000人死亡。在水、旱災方面，洪水與乾旱頻率與規模的增加，都加劇災害的破壞程度。許多居民住在海岸地區或淹水區(flood zone)，更容易受到傷害；許多開發中國家沒有公共衛生資源以處理危機，全球暖化造成的氣候變遷除了可能帶來更大的經濟損失與死亡人數，還可能加劇腹瀉、飲水污染與黴菌引起的呼吸感染。

傳染病因全球暖化而加速繁殖，溫度、濕度、降雨量與海平面的升高，都可能影響傳染病如傷寒、登革熱的發生，老鼠、蚊子、蝨子、跳蚤等都可能向高緯度、高海拔地區遷移，而有更長的生存期，使得傳染病的危險增加。

5. 影響糧食生產

全球暖化對糧食生產的影響在不同地區可能有相當的差異，一般來說，在低緯度地區及乾旱地區，即使微量的暖化(1-2℃)就可能造成產量下降。相反的，在中、高緯度地區，輕度的暖化(1-3℃)，加上二氧化碳濃度的增加，可能提高作物的產量。總括來說，暖化程度若高於1-3℃，全球的農業生產量將因氣候變遷而下降。除此之外，暖化也會造成極端氣候的頻率及強度增加，對糧食生產有顯著負面影響，其他受氣候變遷影響的市場系統尚有家畜、森林、漁業等產業，這些是因氣候直接影響畜牧放牧地、土壤、樹木、水質、生態及魚等的生存環境，或者是包括能源、建造、保險、遊憩觀光等受氣候變遷影響的敏感部門。此外，全球對能源的需求也可能因暖化改變，對冷氣的需求將增加，對暖氣需求將減少，其淨值為增加或減少尚待研究。

6.7 全球氣候變遷的佐證─自然災害的增加

近年來全球天氣的變化，更讓人深感氣候變遷已經發生，地球將不再是人類一個安適的居住環境。下面是近幾年實際發生的一些極端氣候(Extreme weather)的個案，它們都造成了極大人員及財產的損失。這些大型自然災害的發生，很可能肇因於全球暖化造成的氣候變遷。

1. 熱帶氣旋

由於海洋的溫度增高，近年來熱帶氣旋的數量加多，威力也加強，就拿2008年的熱帶氣旋來說，2008年7月的卡玫基颱風、鳳凰颱風及9月的辛樂克颱風，其瞬間的大雨都打破台灣百年來氣象紀錄。9月期間辛樂克颱風、海高斯颱風、薔蜜颱風一個緊接一個，數量頻繁且聲勢驚人。不僅太平洋區如此，在大西洋熱帶氣旋也照樣肆虐，九月初Gustav、Hanna、Ike等四級強烈颶風一個接著一個襲擊美東及墨西哥灣，Gustav颶風險些擊中紐奧良市，造成類似2005年紐奧良市堤壩被卡崔娜颶風破壞的慘劇。

熱帶氣旋季節通常發生於六月至十一月，可能因為海水過熱，近幾年四、五月與十二月也常報導有熱帶氣旋。2008年五月6日，熱帶氣旋襲擊緬甸(圖6.22)，造成超過十萬人的死亡，

圖6.22：2008年五月，熱帶氣旋襲擊緬甸

損失相當嚴重。

2. 暴風雪

2008年一月中至二月初中國大陸華中、湖南等地區出現50年來罕見暴風雪(圖6.23)，有19個省份受災，有1億多人直接受到雪災影響；一百七十多萬人被迫撤離；直接經濟損失達109億美元，暴風雪可能是反聖嬰(La Nina)海水過冷現象造成。2008年三月四日中國大陸華北、東北等地區又出現暴風雪，長城外冰雪茫茫，這些都是極端氣候肆虐的例證。

3. 水災

近年來常發生大型的雷雨，雨量驚人，造成重大傷亡。例如 2005年612水災，嘉南地區嚴重淹水，因為雨勢超乎想像，中央氣象局事前連雷雨特報也未及發佈。2008年九月的辛樂克颱風帶來豪雨，造成多處橋斷、坍方、土石流等損害，尤其以廬山溫泉區遭到的土石流重創，災情最為嚴重。

圖6.23：2008年年初中國大陸華中、湖南暴風雪

圖6.24：2007年7月英國遭洪水侵襲

國外也是如此，例如2007年7月24日英國遭受洪水嚴重侵襲(圖6.24)，造成三十幾萬人缺水，五十萬人缺電，數千人房屋損毀，英國記者報導形容此次洪水為21世紀天災，是英國近幾百年來最嚴重水患。2008年6月7日美國中西部也遭遇洪水，有七個州受害，奪去二十四條人命，數萬人流離失所，其中愛荷華州損失最嚴重，經濟損失超過十五億美元，洪水規模被認為是500年來僅見。

4. 乾旱

全球暖化，地表冷熱的平衡機制失常，海水過熱結果地表有些地方雨量過多造成水災，有些地方雨水缺乏造成乾旱。非洲近年來常常因此乾旱，在北非、東非、西非等處，造成數百萬計的人流離失所，人畜遍處倒閉(圖6.25)。氣象學家分析非洲近年乾旱原因，可能是由於印度洋海水過熱造成，這也是全球

圖6.25：受到暖化影響，非洲近年來遭受嚴重乾旱

暖化造成的異常氣候。

全球暖化也是全球各處大型森林火災頻傳的主要原因，高溫加上乾旱，使得野火頻傳。例如美國近年來常有野火燎原事件，每次火勢範圍都很大，許多房屋被毀，人員被迫遷離，最近一次發生在2008年十一月洛杉磯市北部，在颶風般強風助威下，約600棟活動房屋被燒毀，這場野火是自1961年來最嚴重的火災。

5. 龍捲風

近年來龍捲風數量增多，威力也加強，下面是美國2008年來發生龍捲風的報導，很明顯的龍捲風的規模比以前增強了。

2008年二月六日龍捲風襲擊美國阿肯色、密西西比、肯塔基、田納西等州，死亡至少五十人。

2008年三月十五日龍捲風襲擊喬治亞州亞特蘭大市，至少

圖6.26：2008年四月龍捲風襲擊美國維吉尼亞州

二十七人受傷。

2008年四月二十八日龍捲風襲擊美國維吉尼亞州Suffolk鎮，一天三次龍捲風，受傷二百餘人(圖6.26)。

2008年五月十、十一日龍捲風襲擊奧克拉荷馬、阿肯色、密蘇里、喬治亞等四州，死亡至少二十人。

6. 沙塵暴

許多地方沙漠正在前進或擴展，例如撒哈拉沙漠的南侵與中國戈壁的擴展。沙漠的擴展可能出於人為的過失，例如大興安嶺的過度開墾，使它失去了阻滯蒙古黃沙作用；也可能由於氣候的變遷，使許多可耕地喪失功能。北京近年來常為沙塵暴所苦(圖6.27)，而且沙塵暴的範圍逐年擴大，甚至韓國、台灣、福建各處，近年來也常有沙塵暴來襲。

圖6.27：北京市被沙塵暴瀰漫

7. 熱浪

全球暖化使得夏季特別的熱，許多老年人及幼童身體適應機能較差，容易中暑，特別是近幾年來夏季特別的熱，許多人因此受害。如前述2003年法國熱浪，造成10,000人死亡。2006年7、8月熱浪橫掃美國及加拿大，造成至少225人死亡。

以上許多自然災害都可能是由於全球暖化造成的異常氣候，它們都造成人員財產相當的損失。因著全球暖化的趨勢仍然顯著，相信未來各種罕見的極端型氣候會更為頻繁並加劇。

第六章問題

1. 何謂全球暖化？
2. 請說明大氣暖化的機制。
3. 請說明冰的回饋機制。
4. 請說明雲的回饋機制。
5. 請說明全球暖化的產生因素。
6. 請說明過去百年全球氣溫變化情形。
7. 請說明過去百萬年全球氣溫變化情形。
8. 全球暖化為何影響極端氣候的增加？
9. 全球暖化為何造成海平面的上升？
10. 全球暖化如何影響生態系統改變？
11. 全球暖化如何影響人類身體健康？
12. 請舉例說明近年來自然災害的增加。

第 7 章

能源危機對人類社會衝擊

7.1 前言

在近年來油價高漲，能源危機的警鐘正響起之際，人們才恍然能源對人類生活是如此重要。能源危機一旦爆發，它對人類社會的衝擊是極其廣大的，不管是政治、經濟、軍事、社會甚至可說人類生活的每一個層面，都要受到極大的動盪，甚至維繫人類社會兩個多世紀的科技文明都可能趨於崩潰。

在第四章中我們曾很詳盡的談到哈伯特產量高峰的理論，說明全球石油生產逐漸枯竭的事實，並且許多學者如哈伯特、坎貝爾等等早已預言這件事將發生，如果這些預言不幸言中，並且看來已經在發生了，人類將立即進入一個可怕的災難，不僅經濟將進入一個長期的衰退，生活也將會受到極大的衝擊，在本章中我們要來探討能源危機這件事會對人類社會帶來什麼樣的影響。

7.2 能源危機對經濟的衝擊

1. 石油價格的決定

市場上石油價格是由供需這兩方關係來決定，供需兩方關係中任何一方發生變化時，石油價格就會改變。

在石油供應方面，主要由OPEC決定，因OPEC控制了全球石油出口的大部分產量，因此對世界油價具有強大的槓桿作用。如果OPEC決定減少成員國的出口配額，油價就會由於供給減少而上漲，同樣OPEC也可以通過增加石油生產來降低油價，導致OPEC實行這些政策的動機源於成員國各自的利益。

在石油需求方面，來自於煉油廠的商業用途，主要是提供工業用原料、電力、取暖和交通運輸。例如如果某年冬季特別寒冷，需要取暖用油大量增加時，油價就會上漲，反之亦然。

2. 歷史上的能源危機

a. 原油價格走勢

圖7.1是歷年原油價格(每桶)歷年來的變化，圖中顯示在1973，1979，1990，2004這幾年，油價大幅度的上漲，這就是

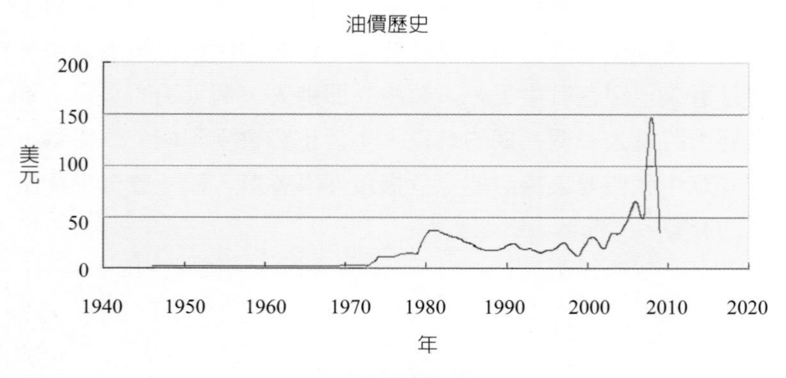

圖7.1：歷年國際原油價格

歷史上四次的能源危機。1998年原油價格下跌也有其發生的典故，下文將逐一說明之。

b. 四次能源危機

石油是一種非再生能源，它的儲藏是有限的，全球大多數油田儲油將於30年～50年間告罄，所以未來油價繼續的飆漲是必然的，2008年七月原油價格曾突破每桶147美元，創下歷史最高，雖因其後金融風暴及經濟衰退暫時下跌，一旦景氣復甦必然高漲，並有可能突破每桶200美元，油價的飆漲造成經濟的動盪實在讓人驚心動魄。

過去歷史上曾發生四次的能源危機，第一次全球性的能源危機發生在1973～74年間，原因是因為阿拉伯國家不滿西方國家支持以色列而採取石油禁運。當時原油價格從1973年的每桶不到3美元漲到超過13美元。這次危機引發了全球性的通貨膨漲及經濟衰退，當時物價幾乎上漲了二倍。第二次能源危機發生在1979年，原因是伊朗爆發伊斯蘭革命，原巴勒維國王被推翻，由霍梅尼建立伊朗伊斯蘭共和國。期間原油產量銳減，國際油市價格飆升，原油價格從每桶14美元左右漲到35美元，這次能源危機也造成了工業國家的經濟衰退。第三次能源危機發生在1990年，是由波斯灣戰爭引起，當時三個月內原油價格從每桶14美元，上漲到每桶40美元。但因波斯灣戰爭四天即結束，高油價持續時間並不長，但也造成了1991年全球性的經濟衰退。

第四次能源危機開始於2004年，從圖7.1中可看出，從2004年起，石油價格從每桶34美元起開始一直上漲，2004年原油價格突破每桶50美元，2005年突破每桶60美元，2006年突破每桶70美元，2007年突破每桶100美元，2008年七月突破每桶147美元。這一次的能源危機與前三次在本質上非常不同，前三次的能源危機都是因著突發的政治或軍事變故引起，之後油價隨即歸於平穩或滑落。2004年起油價的上漲並不因著任何突發事故，也沒有任何的警訊，除了少數石油地質學者曾預測將發生石油減產外，沒有任何人有「山雨欲來風滿樓」的警覺。2004年起油價的上漲主要是因為全球石油供需的不平衡，如前所述石油價格是由供需兩方關係決定，2006年起原油供給逐年下緩，全球原油需求卻仍以每年2%比例繼續增長(圖7.2美國能源署DoE資料)，因此油價上漲是必然的，除非全球經濟嚴重衰退，不然這個油價上漲趨勢仍會繼續。第四次的能源危機，將使市場逐漸認識到一個殘酷的事實，即除了開發替代能源及降低需求外，石油價格上漲是沒有上限的(No ceiling)，甚至連OPEC國家也不能控制全球石油生產逐漸枯竭之情勢，因OPEC國家也各個逐漸進入減產行列，而最可怕的現實是，油價上漲必然帶進一波經濟衰退和搖搖欲墜的股市，不幸的是，這個預言不出所料，果然在2008～2009年發生了。

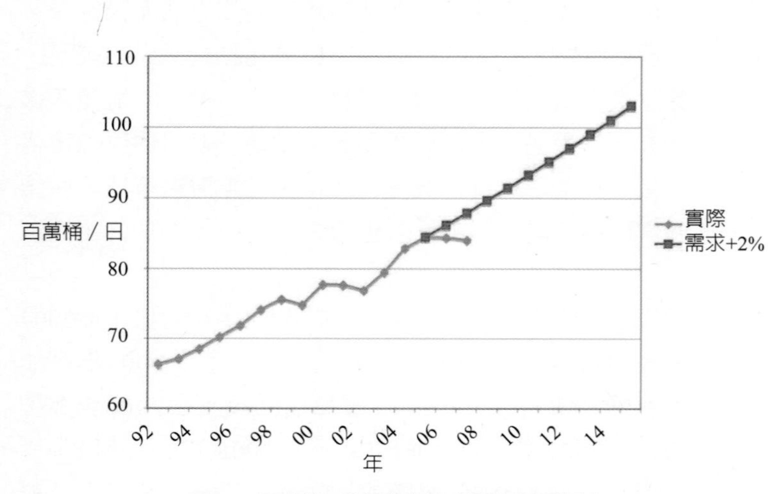

圖7.2：石油供給與需求曲線(美國能源署資料)

當然在油價歷史上也有逆向操作情況，例如在1997年7月亞洲發生金融風暴，亞洲經濟衰退而減少了需求，又結合了當年一些事故，如：反常的溫暖天氣、俄國盧布的崩潰等等，導致了石油價格在1998年戲劇性的下跌。

3. 油價高漲對經濟的傷害

油價高漲加劇了通貨膨脹。隨著油價上漲，以石油為原料或燃料的航空、汽車運輸、漁業、電力、石油化工等行業首先受到衝擊，這些行業又因成本上漲而反映於下游行業，在如此連鎖反應下，最終將導致整體經濟運行成本提高，產品價格普遍上漲，以致通貨膨脹，食衣住行等幾乎無所倖免。

油價高漲可說是影響生活的面面觀，期間每日新聞幾乎都離不開物價上漲的報導，下面我們順手捻來2008年幾則與油價上漲的新聞。中央社2008年8月4日報導，受油價高漲影響，美國六月份個人消費支出物價指數成長達一九八一年來最大增幅；扣除通貨膨脹後，個人開支減少百分之零點二。台灣行政院主計處同年8月5日發布台灣7月份消費者物價上漲年增率為5.92%，漲幅創下近14年以來的新高(圖7.3)，其中，食物、燃料、油價、電價等4項的合計漲幅就高達4.64%。看見「什麼都漲，就是薪水不漲」，每一個人都多少受到衝擊，被迫改變生活習慣以適應高漲的物價。高油價引起的通貨膨脹影響社會每一層面，就連不事生產的學生也不例外，佛羅里達州州立大學中有44%的學生申請低收入者食物救濟(Food Stamp)，可見高油價造成通貨膨脹影響之廣。

油價高漲也會造成經濟衰退。油價高漲會影響各國宏觀經濟的運行。長期高油價加大了經濟運行成本，對經濟成長造成衝擊。油價上漲並常導致股市下跌，長期油價居高不下，會打

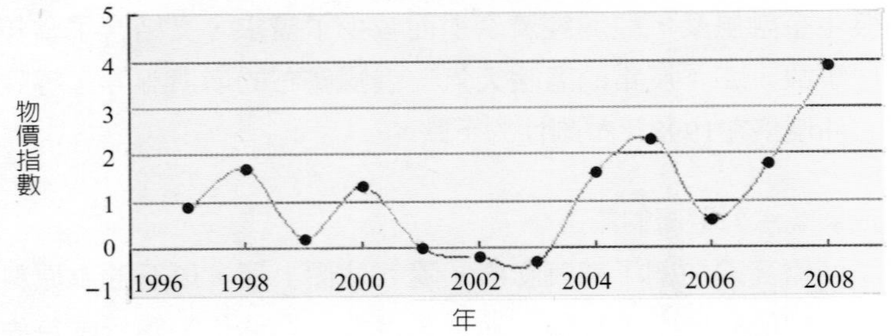

圖7.3：歷年消費者物價指數

擊投資者的信心，對股市形成巨大的壓制。此外企業雇主為降低成本而頻頻裁員，因此失業率增加。最終結果許多商品的價格下跌，通貨膨脹變成了通貨緊縮，造成經濟衰退甚至蕭條，這種通貨膨脹與經濟衰退同時出現的現象，經濟學上特別給予一個名詞，稱為「停滯性通貨膨脹」。

當經濟開始衰退、雇主被迫裁員，此時社會即頻頻傳來惡耗。2008年美國各州州政府預算不足，紛紛開始裁員，例如加州州長阿諾．史瓦辛格(圖7.4)2008年7月簽署行政命令，加州州政府裁員2萬2千名兼職雇員，其餘20萬名公務員也要暫時減薪。咖啡連鎖店星巴克(Starbucks Corp.)宣佈，將關閉500家美國門店並裁員7%，是該公司近年來擴張計劃中最嚴重的一次倒退。通用汽車公司宣佈了減產、裁員計劃等痛苦的措施，以確保企業的生存。美國企業界在2008年1月至7月間裁員人數達五十七萬九千多人，較去年同期上升33%。以上這些都是油價高漲以致經濟衰退所帶來的惡果。

4. 油價高漲因應策略

經濟的發展在正常情況下常常是起起伏伏的，當經濟成

圖7.4：加州州長阿諾．史瓦辛格宣佈裁員2萬2千名州政府兼職雇員

長強勁，即所謂市場景氣時，通常會造成通貨膨脹。政府應付通貨膨脹的方法，通常都是藉提高利率與緊縮貨幣供給，來抑制經濟過熱，使通貨膨脹緩和下來，這就好比汽車車速太快時，須藉煞車使車速緩慢下來。反之，當經濟成長緩慢或甚至蕭條，即所謂市場不景氣時，政府通常會藉降低利率，減稅或增加公共建設等方法，快速注入市場大量資金，來刺激經濟成長，如同汽車車速太慢時，藉踩油門而加速。以上兩者是經濟學家或各國政府行之多年的不二法寶，以避免經濟受到過度波動造成傷害。

這個升息或降息的方法，在油價大幅上升時卻不太適用。如前所述，當油價大幅上漲時，所有原物料成本均被迫漲價，造成市場通貨膨脹，因此合理的做法應該是升息以減少流通在外的資金，抑制通貨膨脹。但是矛盾的是，石油漲價同時又會對經濟成長造成衰退甚或蕭條，因此必須降息以刺激經濟成長。這兩種南轅北轍的做法，都是解決高油價的方法，但政府貨幣政策必須擇其中一端執行，好像賭徒下注一樣須拿捏的準確，不然便會加深對經濟的傷害。

我們來看看歷次能源危機中美國的做法，第一次能源危機發生時，由當時美國福特總統任內擔任經濟諮詢委員會主席葛林斯班(Alan Greenspan)獻策，採用消滅通貨膨脹政策，卻忽略了經濟衰退的另一端，雖然很快改弦易策，但已造成股市重挫。第二次能源危機發生時，美國聯邦準備理事會主席伏克爾(Paul Volcker)又採取抑制經濟成長、控制通膨一途，配合了節約能源、增加石油產能、開發核能的措施，這些措施雖然造成了經濟衰退，卻沒有摧毀經濟。這二次能源危機，美國政府都是透過多次升息來控制物價，以緩和經濟成長避免通貨膨漲，很僥倖的是都未造成重大錯失。第三次能源危機因波斯灣戰爭引起，雖然也造成短暫的經濟衰退，所幸時間很短就解除。這幾次的能源危機，其共同特點是它們都因著突發的政治事故引起，當國際情勢改變後危機立即解除，與現今第四次能源危機的原因完全不同，因此前幾次應付能源危機中各種應變的做法，在現今的能源危機中可能都不適用。

5. 全球金融海嘯及經濟衰退

上述油價高漲問題因著美國次級房貸問題更形複雜；2000年起當科技股泡沫化時，很多原投資於股市的「熱錢」轉向投資於房地產市場，美國聯準會並多次降低利率以刺激疲軟經濟，便宜的房貸更刺激房地產交易，因此自2002年開始，美國房貸市場便開始蓬勃發展，甚至被炒作。等到2004年開始油價大幅上漲，美國聯準會被迫於2004年至2006年期間升息17次(圖7.5)，此舉終止了房市熱潮，房價上漲趨勢因此減緩，但次級房貸問題卻應允而生。所謂次級房貸是指對信用較差的借款人承作的房貸，或以原有房屋貸款再融資的房屋貸款，當房

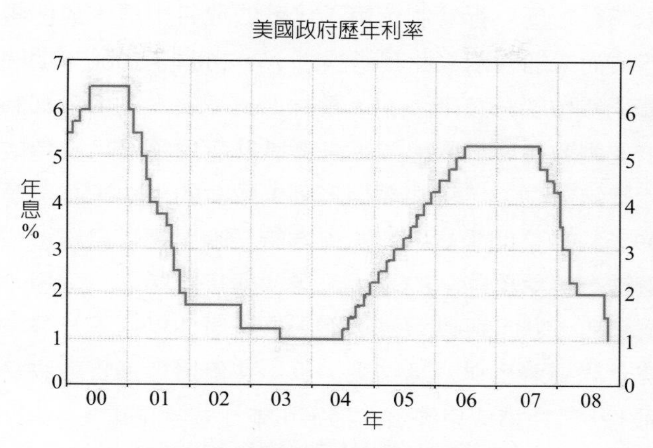

圖7.5：美國政府歷年利率 (2000 -2008)

價及利息都已高的使借款人付不出貸款時，銀行便只得收回房屋拍賣，銀行也因此捲入了債務危機。次級房貸問題加上超高油價，如同雪上加霜，導致全球嚴重的通貨膨脹及經濟衰退，2008年9月更進而升級為全球性的金融危機，先是雷曼兄弟證券申請破產，接著許多金融機構甚至國家宣告破產，全球股市全都慘遭重創。在這場百年難得一見的金融海嘯中，許多公司倒閉，房價、股市和經濟全都委靡不振，通貨膨脹與失業率創最高紀錄，美國國會雖通過以巨額資金為銀行紓困，但仍難挽頹勢。次級房貸問題雖由美國引起，但因美國是全球經濟的龍頭老大，美國的經濟政策深深影響全球經濟的走向，因此美國的金融風暴牽動全球，如同海嘯般襲擊全球經濟，除非奇蹟出現，近期內全球經濟可以預見仍將極為蕭條。

　　如果追根究底，金融海嘯的發生實在是由於市場持續高油價與政策不當所致，美國前聯準會主席葛林斯班於2000至2004年期間多次降息(圖7.5)，低利率誘發次即房貸蓬勃發展，聯準會卻以為銀行應自行管制信用不佳者的放貸申請，放任銀行業自行作業而未加管制，此其錯誤之一。2004至2006年期間年又因油價狂漲17次升息(圖7.5)，葛林斯班認為高油價會抑制石油的需求並刺激發展替代能源，未考慮升息對經濟可能造成的傷害，此其錯誤之二。這些都是政策上致命的錯誤，雖然葛林斯班2009年終於公開承認錯誤，但為時已晚，傷害已經造成。我們在這裡一再反覆強調的是，停滯性通貨膨脹是一個極其頭痛的經濟難題，非常難以解決，而因全球原油供給不及需求，當這一波全球經濟衰退一旦結束，下一波停滯性通貨膨脹又開始醞釀而生，其所造成對經濟的損害可能比這次更重。

7.3 能源危機與糧食短缺

1. 全球糧食短缺

2008年4、5月間，國際間忽然傳出糧食短缺報導，全球糧食儲備為30年來之最低；2007年初全球糧食儲備尚可供人類維持169天，至2008年中卻只能供人類維持53天。高漲的糧價，給予一些貧困國家巨大的壓力。世界銀行表示，過去三年來全球糧食價格幾乎倍增。國際稻米價格甚至從2003年起飆漲了約三倍。由於糧食漲價，許多國家面臨社會動盪的危險，例如印尼、葉門、加納、烏茲別克斯坦和菲律賓(圖7.6)等，老百姓甚至要用一半乃至四分之三的月收入來購買食品，可說幾乎快要活不下去了。

世界銀行說，全球有20億人口受到糧食危機的影響，並警告有1億人口可能因為此次危機陷入更嚴重的貧困深淵。亞洲及非洲部份國家都出現嚴重的的糧食短缺，民以食為天，人類生活中不可一日缺糧，因此糧食是最重要的民生物資，它維繫著

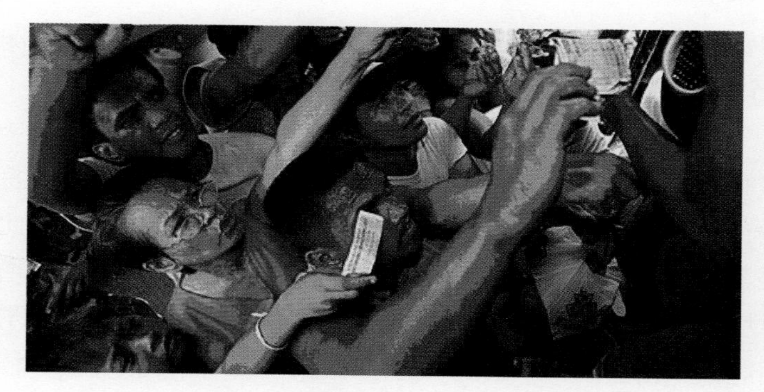

圖7.6：在菲律賓，由於米價高漲，出現人們爭相購買的場面

國家的生存與社會的安全。糧食短缺將引發社會的動盪不安及政治的危機，嚴重時甚至會引起流血衝突，因此關於這個全球糧食短缺的新聞我們不能等閒視之。

2. 糧食短缺原因

全球糧食為什麼會突然間發生短缺呢？其中原因之一是由於供給與需求的不平衡，因為全球人口膨脹使糧食的需求越來越高，而受到氣候變遷與乾旱炎熱的影響，許多農作物的產量減少，例如小麥生長需要經過寒冬，近年來年年暖冬並不利於小麥的生長，由表7.1資料中可看出近年來全球小麥供給量逐年減少。在本書第一章與第六章中曾談到，人口膨脹、全球暖化、氣

表7.1　2004至2006年全球小麥供給量與需求量概況表(單位：百萬公噸)

年度	生產量	供給量[1]	需求量	期末庫存量
2004/05	628.85	761.58	610.14	151.44
2005/06	618.46	769.90	624.21	145.69
2006/07(七月)[2]	605.21	750.25	617.05	133.20
2006/07(八月)[2]	598.00	743.69	615.27	128.42

資料來源：美國農業部

候變遷等等現象其實都與二十世紀起大量使用化石燃料有關，所以追根究底全球糧食的短缺與能源過度使用有間接關係。

此外，全球糧食短缺原因之與高油價更有直接的關係。高漲的油價帶動了通貨膨脹，以致民生必需品都一同漲價，特別是食品類價格，更因全球糧食供給不及需求而益發增長。此外農業機械化後需要使用燃料，油價上漲，農產品售價必然增高以反映增高的生產成本。2008年因著油價不斷上漲，刺激了東南亞稻米輸出國家，泰國、越南、緬甸、寮國及柬埔寨等稻米出口國，考慮比照石油輸出國組織，成立「稻米輸出國組織」(Organization of Rice Exporting Countries, OREC)，對世界稻米價格進行管理，以確保輸出國的利益，此舉對稻米進口國家造成強烈震撼，全球糧荒問題可能因國際間的保護主義會更形嚴重。 其實全球糧荒問題的根源仍是能源，能源的使用大幅提高了人類生活的水準，能源的問題一解決，其他的需求如糧食、飲水、貧窮等都自然一併解決。

3. 使用生質能源與糧食短缺

因著石油的供不應求，很多國家都積極尋找替代能源，其中之一就是使用生質能源，在第五章中我們曾詳述生質能源，這裡要談的是以生質能源替代石油在經濟上的可能性。

不少國家都試圖發展生質能源，例如美國、巴西、中國大陸等等，巴西可說是最成功的例子。巴西自1973-74年第一次能源危機後，便積極研究發展生質能源，巴西目前是全世界最大的甘蔗生產國，年產量達1000萬噸以上，主要用途是作為「酒精汽油」。巴西自產的生質能源佔能源總供給的18.32%，每年節約的石油進口金額高達690億美元。

問題是：巴西能，我們能不能？巴西是南美洲最強盛的國家，有它發展生質能源得天獨厚的條件。巴西土地遼闊並且物產富饒，亞馬遜河流域很多森林均可開發利用，因此巴西可以大量種植甘蔗，卻不須顧及糧食缺乏問題。台灣與巴西的情形卻非常不同，台灣人口密度高，糧食的負荷非常沉重，可以發展為生質能源的農業用地非常有限。經濟部曾委託工研院進行生質能源的技術研發，農委會也曾在宜蘭、雲林、台南等處利用農業休耕地種植能源作物，但整體的經濟效益尚待評估。

美國也嘗試發展生質能源，2007年12月美國國會通過一項新能源法案，大力支持使用生質燃料，以降低美國對外國石油的依賴。這項措施固然可以分擔部份能源的需求，卻立即造成一個反效果，就是一些供人畜食用的雜糧如玉米、黃豆等被用到能源上，刺激了這些雜糧價格的急遽上漲。美國是玉米、黃豆等主要生產國，當玉米、黃豆等家畜家禽飼料的國際價格上漲，牽動了許多民生必需品如牛肉、豬肉、牛奶、雞蛋、沙拉油等價格也都一起漲價，這也是2008年造成全球糧價上漲、糧食短缺原因之一。因為發展生質能源有造成糧食短缺的可能，所以以生質能源作為替代能源是非常受限的，只能作有限度的嘗試。

7.4 能源危機與國家安全

1. 資源戰爭

隨著世界各國對石油需求的攀升，石油成為影響人類生活最重要的資源，直接關係著人類生活的每一層面，所有天然資源如飲水、糧食、礦物、木材等等，雖然對人類生存都很重要，但都不像石油這麼具有關鍵性，加上全球石油生產地分布的不均，更使石油爭奪日趨激烈，甚至成為爆發戰爭的可能原因，國際間一個全新面貌的戰爭形勢正悄悄的形成，我們可稱其為資源戰爭(Resource war)。

資源戰爭與國家安全(National security)是息息相關的，二次大戰後因著共產主義的氾濫，美國國務卿杜勒斯(John Foster Dulles)制訂了圍堵政策，有五十年之久(1940-1990)國際間充斥著民主主義與共產主義的對立，這是一場意識形態的戰爭。隨著80年代雷根總統預言共產主義將成為灰燼，90年代蘇俄共產體制的瓦解，冷戰時期結束，一個新的國家安全的觀念逐漸構築成形，國家的安全不再僅僅取決於強大的軍事力量，也在於成功的維持一個強大的經濟體制的運作。而此經濟體制的運作正常與否，相當在於重要經濟資源的取得，特別是能源，它是國家安全一個決定的關鍵。

能源政策成為各國元首重要的施政方針，例如2008年在美國總統大選中，能源議題成為馬侃與歐巴馬兩位主要候選人攻防的前哨戰。歐巴馬主張繼續蓋核電廠，支持煤礦產業設定「(廢氣)上限和交易」(cap and trade)制度，以及液化煤計畫的推動，反對在海岸區擴大開放鑽油。馬侃以為要解決當前高能源價格，除了積極發展乾淨、再生能源之外，開放新的沿海地區鑽油計畫至關重要。兩候選人因此在能源政策上展開激烈交鋒，似乎選民最關心的還不是伊拉克美軍撤退、健保制度的改善、非法移民的解決，而是誰能夠解決油價狂飆，導致物價高漲，老百姓荷包嚴重縮水的問題。

此外，如美國在中東佈以軍事基地，在波斯灣與阿拉伯海海域佈以海軍第五艦隊(圖7.7)，也是為了國家安全的考量，當伊朗威脅要封鎖波斯灣時，第五艦隊甚至不惜一戰以捍衛其運油通道船艦的安全。又如近年來中國積極發展海權，其目標之一便是確保中國在原油蘊藏豐富的南中國海的權益；蘇俄在外

圖7.7：海軍第五艦隊捍衛印度洋、波斯灣與阿拉伯海海域，確保船艦航行安全

高加索佈以重兵，也是為保護蘇俄在原油蘊藏量占全球1/5裏海的權益。以上各國這些舉動，都說明了未來國際間可能的導向，能源供給的多寡怎樣可能牽動全球經濟的發展與國際局勢的變化，也因能源的供給是如此影響國家安全，各國在能源政策的制定上，都有危機意識的考量。

2. 石油供給的不穩定性

石油影響國家安全之巨，除了因為石油的使用與生活面面相關，牽動著國家經濟的發展，也因為石油供給的不穩定性，石油具有(1)供不敷求(2)分佈不均(3)所有權爭議(4)運輸通道不安全等特點，這些特點都造成石油供給的敏感性，極易在國際間引起衝突，以下我們就這些特點分別描述之。

(1)供不敷求：

前面我們已經提及，始於2004年的第四次能源危機的原因是供不及求，因為大部分油田已經過了產量高峰而減產，全球原油供給從2006年始也逐年下緩，全球原油需求卻仍以每年平均2%–3%比例增長，特別是一些工業開發中國家需要更多能源以發展經濟，美國能源署估計從1997-2020年間，中國大陸能源消耗每年增加4.3%，印度每年增加3.7%，巴西3.4%，墨西哥3.0%，單就這四個國家在2020年能量消耗將達151千兆BTUs (BTU為熱量單位，1BTU＝252卡)，三倍於它們1990年能量消耗。2008年美國能源署公佈資料顯示，2007年全球石油供給每日8.44千萬桶，全球石油需求每日8.57千萬桶，顯然石油供給已不敷需求。2005年底全球儲油估計尚餘約1.18兆桶，以全球每年消耗24.2億桶速率計，似乎全球石油尚可使用40年，但若考慮上述原油需求因經濟成長每年消耗平均增加2%，則所有儲油推算在25–30年內將用罄，甚至在石油用罄之前，全球即可能爆發嚴重的能源危機，所以供不敷求是石油供給不穩定的一個重要因素。

(2)分佈不均：

石油除了供給方面供不敷求外，它的地理及地質分佈的不均更使它容易引起衝突(圖7.8)，石油是一種非再生能源，它是重要的民生物質卻又即將用罄，因此各國都必爭取其石油來源，但很不幸的，它在全球的分佈卻極不平均，大部分石油的儲藏都集中於少數地區。

全球儲油的分佈本來就很不均勻，在經過20世紀石油大量的消耗後，它的分佈更顯的不平均，美國、蘇俄都曾是全球產油最盛國家，各領風騷一時，但都已過了產量高峰而逐漸減產，而今日全球儲油中仍佔舉足輕重地位的只有中東地區(Middle East)、裏海地區(Caspian Sea)及可能的南中國海海域(South China Sea)。由圖四中可見全球儲油66%集中於中東，特

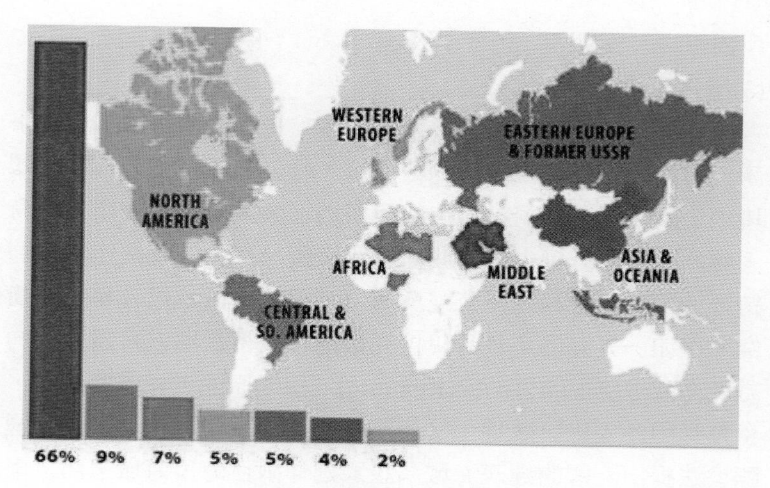

圖7.8：全球儲油分佈百分比

別是集中於沙烏地阿拉伯(24.8%)、伊拉克(10.7%)、阿拉伯大公國(9.3%)、科威特(9.2%)與伊朗(8.5%)等國家，根據美國能源部2006年資料，中東地區儲油為7006億桶，佔全球儲油1.183兆桶的60%左右。其次一個儲油集中地區是裏海周圍，包括中亞地區的亞美尼亞(Amenia)、阿塞拜疆(Azerbaijan)、哈薩克斯坦(Kazakhstan)、烏茲別克(Uzbekistan)、土庫曼(Turkmenistan)及蘇俄的喬治亞(Georgia)等國，根據美國能源部2000年資料，這個地區已經證實的石油儲藏為180-350億桶，可能但尚未證實的石油儲藏為2350億桶，約佔全球儲油的1/5。阿塞拜疆的巴庫油田在20世紀初曾是世界上產量最高的油田，1901年石油產量幾乎佔世界石油產量的一半，在21世紀全球石油逐漸耗盡之際，裏海地區豐富的儲油在未來石油競爭上可能再凸顯其重要性。南中國海海域到底儲藏多少石油目前尚難預估，因為該區尚未經過詳細的探勘及鑽探，中國地質礦產部估計該區有1300億桶儲油，比拉丁美洲及歐洲合計儲油還豐富，因此也是亞洲國家所覬覦的。

(3)所有權爭議：

石油供給的不穩定性第三個因素，是它的所有權常引起爭議。石油的分佈常集中於少數區域，有些油礦完全分佈於一國境內，例如美國的阿拉斯加或西南地區，因此毋庸爭議，但有一些的油礦所有權由兩個或數個國家所擁有，或者按比例共同持分油田，或者共同擁有經濟海域，這些區域就很容易引起衝突。例如一九九〇年八月伊拉克指控科威特長期以斜鑽油井的方式盜取邊境上的魯瑪拉(Rumaila)油田的原油，並賺取暴利，伊拉克因此入侵科威特。又如南中國海海域富藏石油，自從國際公法提出一國的經濟海域為該國延伸兩百海里海域之內，南中國海的所有權即引起爭議，汶萊、中共、印尼、馬來西亞、菲律賓、台灣及越南等七國均聲稱擁有部分海域。此外如中國大陸與日本常為東海油氣田海域界線問題爭執，這些都說明了油礦所有權問題的敏感性，極易引發國際衝突。

(4)運輸通道不安全：

石油供給的不穩定性第四個因素，是它的運輸通道常不安全，不管是藉油輪或輸油管運輸石油或天然氣，常常都需要經過極長的海域或陸域，增加了它的不安全性。在陸域運輸方面，漫長的輸油管經過遙遠的地界或國境，容易遭受破壞，例如巴庫油田建立一條輸油管油經阿塞拜疆、第比利斯、土耳其至地中海裝入油輪輸出(圖7.9)，這麼長的一條輸油管道在一旦發生衝突時，難免不受到攻擊。

在油輪海運方面，其運輸通道也是極不安全，特別是赫姆茲海峽(Strait of Hormuz)，因為它的長度只有150公里、最窄處僅48公里，極易被人軍事封鎖。赫姆茲海峽是石油運輸最繁忙的海峽，每天有400萬噸石油經此運往世界各地，世界

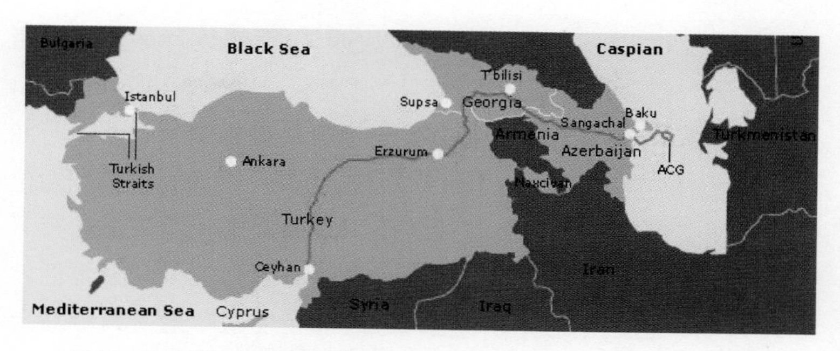

圖7.9：巴庫油田的輸油管過境阿塞拜疆、第比利斯、土耳其至地中海輸出

出口總量一半以上的石油都從這裡運出，故有人稱其為「石油海峽」。此外如曼德海峽(Bab el Mandeb，連接阿拉伯海與紅海)(如圖7.10)、蘇伊士運河與蘇伊士－地中海油管(Suez Canal and Sumed Pipeline，連接紅海與地中海)、麻六甲海峽(Strait of Malacca，位於馬來西亞與印尼之間)、博斯普魯斯/土耳其海峽(Bosporus/Turkish Straits，連接黑海與地中海)、巴拿馬運

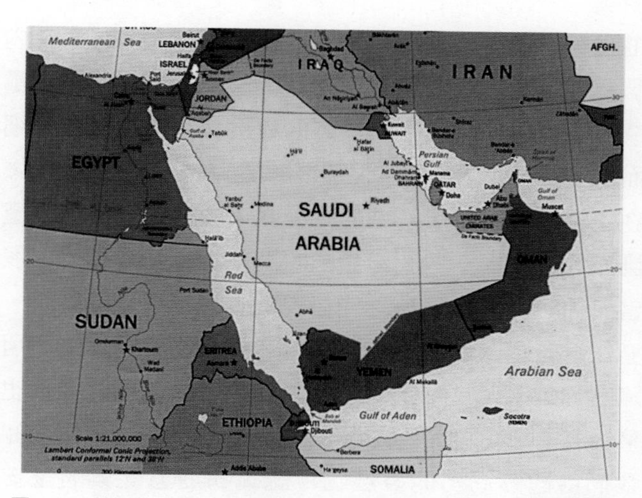

圖7.10：赫姆茲海峽、曼德海峽、蘇伊士運河等是主要石油運輸通道

河(Panama Canal，連接太平洋與大西洋)等都具有重要的戰略意義，這六個海峽被稱為世界石油通道咽喉點(world oil transit chokepoints)，可見它們的脆弱性，極容易被封鎖，中斷了石油經這些通道的運輸。2008年11月載有1億美元原油的沙烏地阿拉伯油輪「天狼星號」在東非外海亞丁灣遭索馬利亞海盜劫持，震驚全球。2009年阿拉伯海陸續又發生多起海盜船勒索事件，其中多次海盜船挾持成功，也有數起海盜船遭擊退，有關海上油輪行駛的安全問題已經備受全球重視。

3. 石油與國家安全

我們已經在第一章中提起過石油與戰爭關係，說明兩次大戰的勝敗均與石油能否充分供給有關，而現今整個世界局勢的發展似乎又再重演同一幕情景。在第一次世界大戰期間因著飛機與坦克車的被引進，石油開始成為重要的戰略物質；在第二次世界大戰期間軸心國德國與日本因為亟需石油，不惜發動對俄及對美戰爭以保障石油的來源，結果它們都落敗了。照著現今石油供需的趨勢來看，全球石油在十年或至多二十年內，將面臨嚴重的缺乏，我們可以預言屆時國際間必然發生嚴重的供需衝突，雖然其衝突發生時暴烈的程度與發生的地點等細節尚不得而知，但其衝突的嚴重性卻很顯然。

在正常狀況之下，石油的分配藉市場自由經濟體制運作都能很圓滿的達成，一些糾紛藉國際間政治協商或者得以解決，然而當石油的供給嚴重缺乏或自由經濟體制運作混亂時，許多國家必然以自己國家安全作為第一考量，必要時不惜動用武力以保障石油的來源，當國際法及國際間彼此制約的力量也無法管制整個混亂的局面時，戰爭就可能爆發。

我們從國際局勢的發展也可認識石油怎樣與國家安全息

息相關。兩次大戰後各國都已認識石油是關鍵戰略物質，無論制空權的取得與地面裝甲車輛的調動非它不可，因此確保石油穩定來源以保障國家安全的目標比前更篤定，各國戰略的思考也深受此影響。例如美國在戰後即認識保護中東地區石油的重要性，於中東、中亞和北非地區均設有軍事基地，並設置第五艦隊以保障波斯灣、阿拉伯海、紅海海域油輪行駛安全；再經1973、1979年兩次全球能源危機，政策上因此擬定必要時軍事干預中東地區以保障石油供給的安全性。兩次美伊戰爭(1991, 2003)不過說明了美國這個強烈的決心，表面上兩次進攻伊拉克原因是(1)伊拉克入侵科威特(2)伊拉克擁有大規模殺傷性武器，實際上是懼怕伊拉克強人胡笙侵佔中東石油，影響世界安全。再如喬治亞軍隊(Georgia)於2008年8月7日，進攻該國與俄羅斯接鄰的南奧塞提亞，試圖將該地納入其管轄之下，由於南奧塞提亞地區是重要的石油能源運輸路線，俄羅斯於次日即揮軍入侵喬治亞。最後如中國大陸近年來加強對新疆維吾爾人及南沙群島的控制，便都是為了保障中國大陸在這兩地區石油的權益。

第七章問題

1. 2004年起能源危機與以往幾次有何不同？
2. 油價高漲對經濟有何傷害？
3. 何謂停滯性通貨膨脹？
4. 油價高漲的因應策略為何？
5. 能源危機為何造成糧食短缺？
6. 生質能源作為替代能源為何是非常受限的？
7. 請說明石油供給的不穩定性。
8. 世界石油通道咽喉點指那些海峽？
9. 石油為何與國家安全息息相關？

第8章

未來的展望

8.1 前言

我們在本書中已經很詳盡的探討了石油與天然氣作為能源的使用的各個影響層面，包括：它們帶來人類生活革命性的改變、它們的形成與構造，它們的探勘與開採、石油產量高峰理論、各種替代能源方案、全球暖化的各種弊端與能源危機對社會的衝擊等等。根據這一切，最後我們要來想想人類的前途將如何？當石油耗盡時未來的生活將呈何種型態？我們能回到過去的生活方式嗎？二十世紀的廉價石油帶來一個世紀的繁茂，但二十一世紀的社會將如何呢？

8.2 後石油時代來臨

首先，我們將面臨一個能源匱乏的後石油時代，人類的生活方式可能將完全改變面貌。失去了能源的支持，科技文明可能崩潰。我們一再強調，今天科技文明的發展，完全建立於能源的使用，從十八世紀中葉起人類曉得利用能源作為動力，科技文明即開始蓬勃發展，它帶給人類以往生活從未有的便利與歡愉，能源的使用等於財富，徹底的改變了人類的生活方式。但這一切均架構於一個基本條件，便是能源充足的供給。沒有能源，我們可能被迫回到幾百年前簡單的生活方式。

另一面，科技文明的結束可能也緩解了人類目前急切的難題，例如人口膨脹問題、環境污染問題、全球暖化問題、氣候變遷問題，以及各種大型天然災害等等，這些難題都肇因於科技文明過度發展，一旦能源耗盡，這些潛在威脅人類生存的因素也消失了。

我們相信，在未來缺乏能源的時代，人類仍將繼續生存，但可能會經過一些變動。至於這個社會要經過什麼樣的變動，是急劇或緩和？是經戰爭或和平手段？或者透過任何其他方式改變現狀，這些就是我們不得而知的了。

西蒙斯(Matthew R. Simmons)在其「沙漠的黃昏」一書第十七章中談到如何面臨後石油時代問題(Coping with Post-Peak Oil)，西蒙斯認為因著石油供需差距越來越大，一場大規模的能源戰爭有可能爆發。除非能夠及早訂定一些計畫來減少石油的消耗，人類才可能和平的過渡到後石油時代，真正的解決辦法就是以一種更為有效的途徑使用石油(使用較少的石油)，來創造世界一個新的秩序，但這個須要相當時間的預備，而且愈及早預備愈好。

一些學者也推出將來可能發生的各種經濟模式，但一般的觀感都不樂觀，這裡我們來看看幾個模式。圖8.1是史丹尼福(Stuart Staniford)於2005年提出在不同石油耗竭率下可能發生的經濟模式。假設石油產量高峰發生在2008年，之後石油即逐漸枯竭，史丹尼福認為之後全球的經濟發展，將完全根據石油耗竭的速率。圖8.1中有兩個門檻，一是縮減門檻(contraction

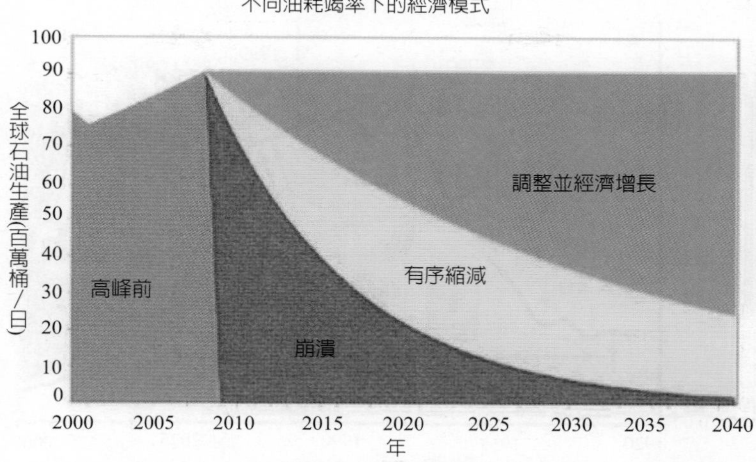

圖8.1：預測不同石油耗竭率下的經濟模式

threshold)，一是崩潰門檻(collapse threshold)。當石油耗竭的速率大於縮減門檻(綠色部分)，也就是耗竭的速率較緩，未來的經濟會作適度調整並繼續成長。當石油耗竭的速率在縮減門檻與崩潰門檻之間(黃色部份)，未來經濟的規模會縮減，日常生活會有相當程度的不方便，但社會仍能維持秩序。如果石油耗竭的速率在崩潰門檻以下(紅色部份)，也就是耗竭的速率極快，這個時候群眾會產生信心恐慌，日常生活物質會極其匱乏，經濟體制也將趨於崩潰。

鄧肯(Richard Duncan)則提出另一種未來的經濟模式，他於1989年根據世界能源生產量和人口數據，提出「奧杜瓦伊」理論(olduvai theory)。圖8.2是鄧肯在2000年美國地質協會(GSA)專題討論會上所提出該理論的解說，他根據能源人均產值(Energy Production Per Capita，即全球能源年總產值除以當時全球總人口數)，預測工業文明(Industrial Civilization)從1930

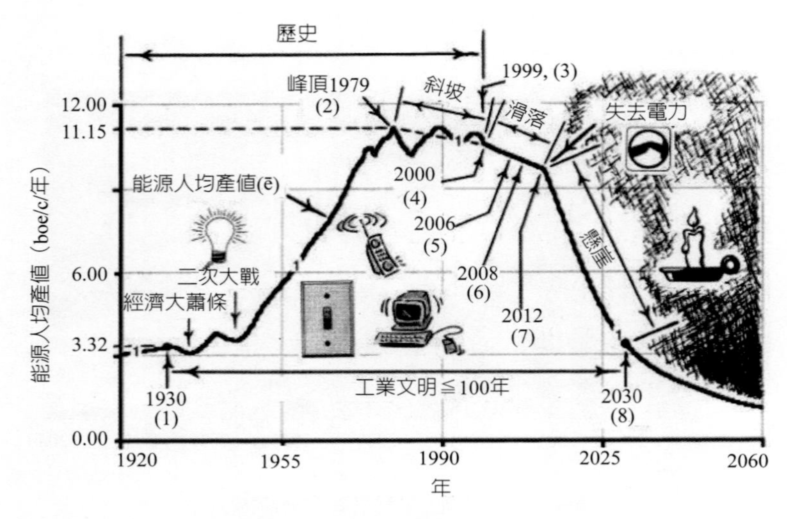

圖8.2：「奧杜瓦伊」理論，1930-2030年

年至2029年止，其壽命為100年，如圖8.2所示，其中1930年至1999年為歷史回顧，2000年至2030年為對未來的預測。圖8.2中附記了八處重要事件，包括：(1)1930年進入工業文明，能源人均產值約達峰頂值的30%；(2)1979年能源人均產值達於峰頂，為歷年最高值；(3)1999年廉價石油結束；(4)預言2000年耶路撒冷聖戰(Jerusalem Jihad，指暴力事件)；(5)預言2006年達全球石油產量高峰；(6)預言2008年石油輸出國組織主控市場；(7)預言2012年停電(Blackout)(失去電力)；(8)為2030年退出工業文明，能源人均產值跌到1930年值以下。奧杜瓦伊理論並預測2001年至2011年間曲線「下滑」(Slide)，可能會發生類似1930年「經濟大蕭條」的大規模的失業事件。2012年至2030年為懸崖期(Cliff)，能源使用大幅下跌，人類回到「黑暗時代」(即不再有能源)。

「奧杜瓦伊」是東非的一個峽谷，位於坦桑尼亞北部，被稱為人類的搖籃，因為在峽谷的遺跡中發現了多處早期能人(指能夠製造工具者)的遺跡和遺骨化石。「奧杜瓦伊」一辭的意思是人類回到原始生活，不再依賴科技文明。鄧肯的預測模式與前述史丹尼福模式之不同，是他認為全球石油耗竭速率是有時段性的，而且愈來愈衰減，其中2012年與2030年是兩個重要的分界點。鄧肯的理論雖然有點令人吃驚，但它多少描繪出未來世界失去能源的可能形貌，預言中(4)至(6)事件，與事實相去不遠；預言2001年至2011年間的經濟大蕭條，也多少與此次全球經濟衰退吻合；而預言從2012年至2030年為懸崖期，世界失去電力，更讓人驚恐，因為時間已經迫在眉睫，不知未來經濟的發展會不會正如其所預言。

8.3 動盪的經濟：停滯型通貨膨脹的魔匝

另一個未來極可能發生的現象，就是世界面臨一個動盪的經濟體制，我們會反覆經歷停滯型通貨膨脹的「魔匝」，逃不出它的掌握，而且一波緊接一波，一次比一次更嚴重。我們都知道經濟的發展需要一個穩定成長的環境，但一旦能源缺乏，那一個經濟穩定成長的條件就失去了，為什麼呢？

我們在第七章中曾談過停滯型通貨膨脹，並細述它對經濟體制的衝擊，我們再來看看停滯型通貨膨脹並推想未來世界的經濟可能發展模式。在經濟學中，停滯性通貨膨脹是指經濟停滯，失業以及不景氣與高通貨膨脹同時存在的經濟現象。圖8.3所示是這個停滯型通貨膨脹現象的解說，由於總供給在特定時間內有產出的極限，所以S所代表的供給線在右上方是垂直的。當需求由D1向上移動到D2時，價格與產出都有增加；由D2移動

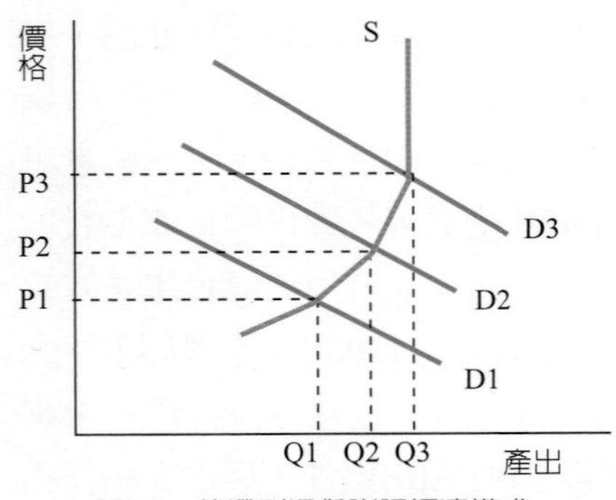

圖8.3：停滯型通貨膨脹經濟模式

到D3時，物價上漲的幅度加大，但產出的增幅卻減少；當需求線從D3再往上移動，所增加的需求只會造成價格上漲，對產出量毫無影響。如果這個產品是與民生各方面攸關的，如糧食或石油等，它所造成的影響就不只是單項產品價格上漲，而是造成通貨膨脹，正如前幾次石油危機所發生的。

我們運用圖8.3來設想未來的經濟發展，由於唯一能抑制石油價格的是需求量，所以市場景氣一旦復甦，石油就開始漲價，上述從D3往上移動造成石油價格上漲通貨膨脹的情形就會發生，石油漲價又造成經濟衰退或蕭條，需求量與石油價格再度下跌，如此週而復始，經濟發展如同波濤般起起伏伏。

對付停滯型通貨膨脹，一般很難依賴單一的貨幣政策解決，因為如果採用積極貨幣政策，一旦提高利率，企業經營成本加大，經濟就有可能更加蕭條，甚至引發負成長，若採用消極貨幣政策，降低利率，刺激了經濟增長，又可能引發惡性通貨膨脹。因此，一般政府均採用擴大公共財政支出並減稅及適度提高利率等手段來抑制通貨膨脹。以上所述政策，正是全球各國政府這一、二年所實施的，希望藉此慢慢消除經濟的滯漲，而且至今還看不出已經脫離經濟衰退。因此應付停滯型通貨膨脹，是極其棘手的問題，而且需要相當長的時間，才能恢復經濟正常的運作。然而可悲的是，市場景氣一旦復甦，下一波的停滯型通貨膨脹又開始醞釀而生，因為構成停滯型通貨膨脹的條件又再度發生，就如目前市場景氣仍差，石油輸出國組織已經揚言未來石油價格可能超過每桶150美元，因此我們可以想像未來經濟的發展，會一直在週期性的停滯型通貨膨脹的「魔匝」裡，隨著油價漲跌而大起大落。

8.4 未來的生活方式

因著石油與天然氣逐漸耗盡，對於未來我們存在許多疑問，這些問題都沒有答案，例如：

1. 交通系統：缺乏能源，未來的交通系統如何？大眾的交通工具將作何調適？

2. 替代能源：油源耗盡下，有否替代能源？它們替代石油的比重如何？

3. 電力系統：缺乏能源下，未來的供電力仍能照常供給嗎？如果不足怎麼辦？

4. 糧食供給：缺乏燃料，農業機械如何運作？未來糧食能供給無虞嗎？

5. 物質材料：一旦缺乏原油作原物料，由石油裂解所得產品，如瀝青、化學品、紡織品和建築材料等能用什麼取代？

6. 經濟體制：一旦生活水準下降，現有經濟體制仍能照常運作嗎？現有貨幣制度、信用貸款制度等仍能維持嗎？

7. 貿易制度：因著能源缺乏，貿易制度勢必發生重大改變，「全球化」將成為過去，未來的貿易制度將如何？

8. 國家安全：是否會發生戰爭以搶奪剩餘的石油？

9. 生活方式：工業文明如果不能再維持，我們會退回到農業社會嗎？

因著上述許多不確定性，因此我們很難為未來的生活方式如何下個斷案，以下是臆測一些未來生活方式的可能種種：

1. 人類生活方式會逐漸緩和的轉變，可能中、下層社會轉變較大。

2. 液化天然氣暫時取代石油，如果替代能源不能及時發展成功，我們有可能被迫改變交通工具。

3. 大都會模式將不能再維繫，社會型態將逐漸改為較小的城邦式形態(小社區)。

4. 生活步調會逐漸減緩，科技文明不再，工業社會生活型態會逐漸轉變到農業社會生活型態。

5. 商業型貌改變，不再有大型企業、大規模連鎖店，只有小型的貿易。

8.5 結語

寫完了這本《能源危機》一書，現在該為本書作個結語。

曾記得在《彗星撞地球》(Deep Impact)影片裡有非常感人的一幕，當飾演美國總統的摩根佛里曼向美國全國演說，談到擊碎小行星任務失敗，小行星將撞擊地球的嚴重後果。在總結中他說「我希望」(I wish)，繼而更正為「我相信神」(I believe the God)，然後他要求全國為此禱告，最後他用聖經經文為全國祈福。

談完了能源使用的過去、現在與將來，想到未來年間能源耗盡的前景，我們生活方式將可能被迫改變與人類即將面臨的災難，我們的心情可能像「彗星撞地球」影片裡那麼沉重，茲摘錄影片中該段祝福文字，作為彼此的勉勵，希望這本書帶給讀者一些收穫和感觸。

「願神賜福給你，保護你；願神使祂的面光照你，賜恩給你；願神向你仰臉，賜你平安。」(民數記6:24-26)

第八章問題

1. 石油耗竭對人類的生活可能帶來什麼衝擊？
2. 請簡述史丹尼福所提出未來可能發生的經濟模式。
3. 請簡述「奧杜瓦伊」理論
4. 何謂停滯型通貨膨脹？它對未來經濟有何影響？
5. 你能臆測未來可能生活方式的轉變嗎？

參考書目

第一章：能源革命

林立樹，美國通史，五南圖書；民國九十年[2001]

林立樹、蔡英文、陳炯章，近代西方文明史，五南圖書；民國九十一年[2001]

李怡，世界十大戰爭，金川出版社；民國五十六年[1967]

馮作民，西洋全史（十），產業革命，燕京文化事業；民國六十四年[1975]

J. Bronowski 著，徐興、呂應鐘譯，人類文明的演進，世界文物出版社；民國九十七年[2008]

Alferd W. Crosby 著，陳琦郁、林巧玲譯，寫給地球人的能源史，左岸文化出版社；民國五十六年[1967]

J. B.La Jalla 著，徐興、呂應鐘，世界文物出版社；民國六十四年[1975]

James Howard Kunstler, The Long Emergency, Grove Press New York, 2005

Paul Roberts, The End of Oil: On the edge of a perilous new world, Mariner Books, 2004

Joseph Stryer，Hans Gatzke 著，陸盛譯，西洋近古史，五南圖書，民國七十九年[1990]

Eric R. Wolf 著，賈士蘅譯，歐洲與沒有歷史的人，麥田出版，民國八十六年[1997]

Daniel Yergin 著，薛絢譯，石油世紀，時報出版社，民國八十年[1991]

http://www.dani2989.com/matiere1/hubbertpeakoilgb.htm

http://www.paulchefurka.ca/Population.html

第二章：石油的形成與儲油層構造

A. I. Levorsen, Geology of Petroleum, W. H. Freeman and Company, 1967

Norman J. Hyne, Non technical Guide to Petroleum Geology, Exploration, Drilling, and Production, Pennwell Books; 2nd Ed. 2001

B. P. Tissot, The application of the results of organic chemical studies in oil and gas exploration, Development in Petroleum Geology, V. 1. 1977

John M. Hunt, Petroleum geochemistry and geology:, W. H. Freeman and Company,

1996

Carla W. Montgomery and Edgar W. Spencer, Natural Environment, McGraw Hill Custom Publishing; 7th ed. 2003

Richard C. Selley, Elements of Petroleum Geology, Academic Press; 2nd Ed. 1998

何春蓀， 普通地質學，五南圖書出版公司；民72[1983]

http://www.geo.wvu.edu/~jtoro/Petroleum/

http://jpkc.cug.edu.cn/2007jpkc/syjtrqdzx2/jpkc/dzja.html

http://jpkc.dept.xsyu.edu.cn/sydz/main/ppt.htm

http://www.ldeo.columbia.edu/~guerin/Thesis/

http://lonestarsecurities.com/Book-TOC.htm

第三章：石油的探堪與開採

Zan-dong Ding, Shallow crustal structure in northern Lake

Malawi: from two-ship expanded profiles, Ph.D. thesis, Duke University; 1991

Milton B. Dobrin and Carl H. Savit, introduction to geophysical prospecting, McGraw-Hill Companies; 4 Sub edition 1988

Norman J. Hyne, Non technical Guide to Petroleum Geology, Exploration, Drilling, and Production, Pennwell Books; 2nd Ed. 2001

W. M. Telford, L. P. Geldart, and R. E. Sheriff, Applied Geophysics, Cambridge University Press; 2nd Ed. 1990

http://www.geomore.com/Stratigraphic%20Cross-Sections.htm

http://lonestarsecurities.com/Book-TOC.htm

http://www.lloydminsterheavyoil.com/drilling.htm

http://www.cambridgedrilling.co.uk/Technology.htm

http://www.osha.gov/SLTC/etools/oilandgas/site_preparation/siteprep.html

http://www.redforkproduction.com/oilrigsystem.html

http://www.spec2000.net/courseware.htm

http://www.americangilsonite.com/oil_cases.html

http://www.cnpc.com.cn/cnpc/hjysh/syzs/ktkf/sczs/zj/#zjyxhcx

第四章：石油產量高峰

Colin J. Campbell, PEAK OIL: A TURNING FOR MANKIND, Hubbert Center Newsletter # 2001/2-1

Colin J. Campbell amd Jean Laherrere , The End of Cheap Oil, Scientific American 278, 1998

Kenneth S. Deffeyes, Hubbert's Peak, Princeton University Press, 2001

Kenneth S. Deffeyes, Beyond Oil, Hill and Wang, 2006

Richard C. Duncan and Walter Youngquist, THE WORLD PETROLEUM LIFE-CYCLE, Petroleum Technology Transfer Council, 1998

Craig Hatfield, Oil Back on the Global Agenda, Nature 387, 1997

M. King Hubbert, Nuclear Energy and the Fossil Fuels, American Petroleum Institute Drilling and Production Practice, Proceedings of Spring Meeting, San Antonio, 1956

M. King Hubbert, Hubbert on the Nature of Growth, Testimony to Hearing on the National Energy Conservation Policy Act of 1974

M. King Hubbert, Techniques of Prediction as Applied to the Production of Oil and Gas, Oil and gas Supply Modeling, Special Publications 631, 1982

R. A. Kerr, The Next Oil Crisis Looms Large-And Perhaps Close, Science 281, 1998

James Howard Kunstler, The Long Emergency, Grove Press New York, 2005

Stephen Leeb, Donna Leeb, 李隆生譯，石油效應，聯經出版公司；民國九十三年[2004]

Paul Roberts, The End of Oil: On the edge of a perilous new world, Mariner Books, 2004

Matthew R. Simmons, Twilight in the Desert, John Wiley & Sons, Inc., 2005

http://www.hubbertpeak.com/

http://www.dani2989.com/matiere1/hubbertpeakoilgb.htm

http://peakoil.blogspot.com/

http://planetforlife.com/oilcrisis/oilpeak.html

http://www.eia.doe.gov/emeu/international/oilproduction.html

http://www.energybulletin.net/primer.php

http://energy.ie.ntnu.edu.tw/web_admin/Periodical_Paper/0401.doc

第五章：替代能源

Stephen Leeb, Donna Leeb, 李隆生譯，石油效應，聯經出版公司；民國九十三年[2004]

Carla W. Montgomery and Edgar W. Spencer, Natural Environment, McGraw Hill Custom Publishing; 7th ed. 2003

Jeremy Rifkin, The Hydrogen Economy, New York: Penguin Putnam, 2002

丁仁東，自然災害－大自然反撲，五南圖書出版公司；2007

http://vm.nthu.edu.tw/science/shows/nue/question1.html

http://ec.europa.eu/research/rtdinfo/42/01/article_1315_en.html

http://www.fuelfromthewater.com/importance.htm

http://www.greenjobs.com/Public/info/industry_background.aspx

http://www.ourclimate.net/altenergy.htm

http://www.hubbertpeak.com/LaHerrere/

http://europe.theoildrum.com/node/3565

第六章：全球暖化

John Houghton, Global warming, the Complete Briefing, Cambridge University Press, 1997

Roger Revelle and H. Suess, Carbon dioxide exchange between atmosphere and ocean and the question of an increase of atmospheric CO2 during the past decades., Tellus 9, 1957

C. Frohlich and J. Lean, Solar Radiative Output and its Variability: Evidence and Mechanisms, Astronomy and Astrophysical Reviews 12, 2004

Alan P. Trujillo and Harold V. Thurman, Essentials of Oceanography, Prentice Hall College; 8th ed. 2004

Al Gore著，張瓊懿、欒欣譯，不願面對的真相，商周出版社： 2007

丁仁東，自然災害－大自然反撲，五南圖書出版公司：2007

丁仁東，從自然環境的變遷看主的再來，二〇〇八聖經、科學與教育國際研討會：2008

http://www.ipcc.ch/ipccreports/assessments-reports.htm

http://www.epa.gov/climatechange/

http://www.climate.org/

http://www.worldviewofglobalwarming.org/

http://www.cmar.csiro.au/

http://www.gcc.ntu.edu.tw/

http://www.nasa.gov/worldbook/

第七章：能源危機對人類社會衝擊

Michael T. Klare, Resource Wars, Henry Holt and Company, 2001

Stephen Leeb, Donna Leeb, 李隆生譯，石油效應，聯經出版公司：民國九十三年 [2004]

Stephen Leeb, Glen Strathy, 王柏鴻譯，石油衝擊，時報文化：民國九十六年 [2007]

http://www.wtrg.com/prices.htm

http://www.eia.doe.gov/

http://www.eia.doe.gov/pub/oil_gas/petroleum/presentations/2000/long_term_supply/

http://mapoftheunitedstates.org/2008/map-of-world-oil-reserves/

http://www.eia.doe.gov/cabs/World_Oil_Transit_Chokepoints/Background.html

http://www.thinkwart.com/article/671.htm

第八章：未來的展望

Richard C. Duncan, The Peak of World Oil Production and the Road to the Olduvai Gorge, Pardee Keynote Symposia, Geological Society of America Summit 2000, 2000

Richard C. Duncan and Walter Youngquist, The World Petroleum Life-Cycle, PTTC Workshop, Petroleum Technology Transfer Council Petroleum Engineering Program, 1998

James Leigh , The Olduvai theory and catastrophic consequences, EnergyBulletin.net, 2008

Stephen Leeb, Donna Leeb, 李隆生譯，石油效應，聯經出版公司；民國九十三年[2004]

Matthew R. Simmons, Twilight in the Desert, John Wiley & Sons, Inc., 2005

http://europe.theoildrum.com/node/3565

http://gailtheactuary.wordpress.com/2007/06/19/peak-oil-overview-june-2007/

http://www.drmillslmu.com/peakoil.htm

http://www.lifeaftertheoilcrash.net/

http://www.theoildrum.com/

http://www.dyu.edu.tw/~vincent8/moneybanking/stagflation.doc

索引

二劃

二次遷移（secondary migration） 45-49, 61

四劃

孔隙度（porosity） 49-53, 60, 61, 69, 109

不整合封閉（Unconformity Traps） 57

反射震測（Seismic reflection） 74, 76-78, 80-84, 87, 89, 91, 117

水聽器（Hydrophone） 81

升降系統（Hoist system） 95

水平鑽井（Horizontal Drilling）105, 106

井測（Well Logging） 69, 70, 71, 94, 107, 109, 110, 117, 140

井噴（blowout） 96, 97, 102

井底完井（Bottom-Hole Completions） 111, 117

井口裝置（Surface Equipment） 113, 114

太陽能電池（solar cells） 174, 176

水力發電（Hydropower） 134, 179, 181, 187, 188, 190

生質能源（Biomass） 127, 143, 154, 184-188, 190, 232, 233, 242

五劃

生油岩（source rock） 30, 33, 34, 38-40, 45-47, 53, 60, 73

石油輸出國家組織（OPEC） 17, 18, 137, 144, 145, 222, 224

石油產量高峰（oil production peak） 15, 19, 60, 119-124, 126-128, 133, 135, 137, 141-143, 146, 243, 244, 246

生物標記（biomarkers） 30

半地塹單位（Half Graben Unit） 89, 90

打撈（fishing） 99, 100

卡鑽（Stuck Pipe） 99, 100

正回饋機制（positive feedback mechanism） 194-196

全球暖化（Global Warming） 19, 22, 119, 147, 191, 192, 195, 198, 200, 205-207, 210, 212, 213, 216, 217, 219, 220, 231, 243, 244

六劃

成岩作用（Diagenesis） 34-36, 38, 39, 54

成熟（maturation） 34-37, 39, 60, 61, 73, 164, 189

地層封閉（Stratigraphic Traps） 54, 56, 57, 61

地表油氣顯示（Surface Occurrences of petroleum） 64, 65

地層對比（Correlation） 71

地層截面圖（Stratigraphic Cross Section） 71

地熱（Geothermal Power） 127, 128, 143, 154, 176-179, 183, 187

再生能源（Renewable Energy Source） 60, 127-129, 144, 150, 154, 159, 176, 179, 188, 223, 234, 236

同深點炸射（Common Depth Point CDP） 83

多次重合（multiple fold） 83

自由車（Freedom Car） 152

回饋機制（Feedback Mechanism） 194-197, 220

冰的反射（ice-albedo） 195, 196

冰川後退（Glacial Retreating）

世界石油通道咽喉點（world oil transit chokepoints） 240, 242

七劃

初次遷移（primary migration） 45-47, 61

沉積封閉（Sedimentological Traps） 59

泥火山（Mud Volcanos） 64, 66, 67

泥漿系統（Mud System） 97

泥煤（Peat） 159

折射震測（Seismic refraction） 76, 77, 117

受波器（geophone） 76-78, 80, 81, 83-85

初探井，野貓井（Controlled Exploratory Well）

坍塌頁岩（Sloughing Shale） 100, 101

完井（Completing a well） 107, 110-114, 117

冷融合（Cold Fusion） 174

八劃

油母質（kerogen） 31-36, 38, 39, 47

油窗（oil window） 37, 38

油頁岩（Oil Shale） 33, 39, 64, 127, 128, 144, 162-164, 190

刺穿封閉（Diapir Traps） 54, 59

非再生能源（Nonrenewable Energy Source） 60, 127-129, 144, 150,

154, 159, 223, 236
空氣槍（Airgun） 78-80
空氣槍陣列（Airguns array） 80
空氣與泡沫鑽井（Air and Form Drilling） 105
岩性封閉（Diagenetic Traps） 58
岩層破壞（Formation Damage） 101
岩性記錄（Lithologic log） 107, 108
岩心筒（core barrel） 108
岩心取樣（sample） 107, 108, 140
直井鑽井（a straight hole） 102, 103
定向鑽井（Directional Drilling） 103
取心鑽頭（Coring bit） 107
固井（Casing） 110-113
油管裝置（Tubing） 113
抽油桿唧筒（sucker-rod pump） 115

九劃

封閉構造（Traps） 47, 49, 53-56, 58-61, 68, 75, 91
背斜（Anticline） 54-56, 68, 91
指標地層（Marker bed） 71
柵欄圖（Fence Diagrams） 71, 72
重力異常（gravity anomaly）
垂直震測剖面（Vertical Seismic Profile） 76
垂直隔距時差修正（Normal Moveout, NMO） 85, 86, 117
炸射紀錄（Shot Record） 80
重合（Stack） 83-88, 117
亮點（bright spot） 91, 92
氣化煤（Gasification Coal）
風力能源（Wind Energy） 181
政府間氣候變遷委員會（Intergovernmental Panel on Climate Change, IPCC） 192, 205
負回饋機制（negative feedback mechanism） 194, 196, 197
後石油時代（Post-Peak Oil Era） 21, 146, 188, 243, 244

十劃

能源革命（Energy Revolution） 1, 5, 152
真實振幅還原（True Amplitude Recovery） 85
速度分析（Velocity Analysis） 85
速度譜（Velocity Spectrum） 85, 86
流失鑽井液（Lost Circulation） 101
射孔完井（perforated liner completion） 112
核分裂（Fission） 144, 164-166, 168, 170, 171, 173, 190
核融合（Fusion） 144, 164, 171-174, 190
核融合容器（Magnetic Confinement

Fusion） 173

十一劃

氣—液相色譜儀（gas-liquid chromatography）
氣窗（gas window） 35, 37, 38, 194
深成作用（Catagenesis） 34-37
連續震動源（Vibroseis） 78, 79
幾何定位（Geometry） 85
移位處理（Migration） 45, 86-88, 117
旋轉鑽井設備（Rotary drilling rig） 95, 117
旋轉導向系統（rotary steerable system） 103, 104
旋轉系統（Rotating system） 95, 96
動力系統（power） 95, 179
偏斜鑽井（Deviation Drilling） 103, 105
桿抽油系統（Rod-Pumping System） 115
液化天然氣（Liquid Natural Gas, LNG） 134, 144, 148-151, 188, 190, 250
液化煤（Liquefaction Coal） 144, 162, 234
連鎖反應（chain reaction） 165, 225
停滯性通貨膨脹（Stagflation） 226, 230, 242, 247
崩潰門檻（collapse threshold） 245

十二劃

第一期工業革命（First Stage Industrial Revolution） 3, 22
第二期工業革命（Second Stage Industrial Revolution） 5, 6, 22
氫經濟（Hydrogen Economy） 151, 152, 154, 158, 190
無煙煤（Anthracite） 159, 160
溫室氣體（Greenhouse Gas） 153, 191-195, 198, 199, 202, 204
溫室效應（Greenhouse Effect） 185, 192, 194-196, 198-200, 212
極端氣候（Climate Extremes） 206, 212, 213, 215, 220
奧杜瓦伊理論（olduvai theory） 245, 246

十三劃

聖誕樹（Christmas Tree） 7, 114, 115
準變質作用（Metagenesis） 35
蓋層（cap rocks） 49, 53-56, 60, 61, 91
碎屑岩儲油層 52
遙感探測（Remote Sensing） 63, 68, 74, 200

微滲出（Hydrocarbon Microseeps） 73
解迴旋（Deconvolution） 86, 87, 117
試井（Testing a well） 94, 107, 110, 117, 140
電纜井測（wireline well logs） 109
裸眼完井（Open-hole completion） 112, 113
煙煤（Bituminous） 159, 160
資源戰爭（Resource war） 233, 234

十四劃

遷移（migration） 45-49, 53, 54, 60, 61, 64, 65, 73, 86, 87, 164, 209-211, 213
碳酸鹽岩儲油層 52, 58
構造封閉（Structural Traps） 54
構造截面圖（Structural Cross Section） 71, 72
磁力異常（magnetic anomaly） 75
資料蒐集（Data Acquisition） 78, 83
資料處理（Data Processing） 76, 78, 80, 81, 83-85, 87, 117
資料解釋（Data Interpretation） 78, 87, 89, 91
漂浮電纜（Streamer） 81, 82
腐蝕性氣體（Corrosive Gases） 102
稻米輸出國組織（Organization of Rice Exporting Countries, OREC） 232

十五劃

震測探勘（seismic exploration） 76, 132, 142
震動器卡車（Vibrator truck） 78
增益控制（Gain Control） 87
褐煤（Lignite） 159
潮汐能源（Tidal Power） 181

十六劃

靜態修正（static correction） 85
燃料電池（fuel cells） 152-156, 158, 190

十七劃

滲透率（permeability） 35, 45, 46, 49-52, 61, 69, 101, 109, 140
礁型封閉（Reef Traps） 54, 57, 58
繩索鑽井鑽具（cable-tool drilling rig） 94, 95, 107
縮減門檻（contraction threshold） 244, 245

十八劃

儲油層（reservoir） 7, 23, 40, 45, 49-54, 56-61, 63, 73, 91, 93, 94, 97, 99, 101, 103, 105, 106, 112, 115, 121, 161
斷層（Fault） 47, 49, 54-57, 65, 68,

75, 87, 89-91
濾波（Filtering） 85, 86

十九劃

鏡質體反射率（Vitrinite Reflection） 34, 35, 73
瀝青砂石（Tar sands） 127, 144, 164

二十劃

襯管完井（Liner Completion） 113
礫石充填完井（Gravel Pack Completion） 113, 114

二十七劃

鑽井作業（Drilling Operations） 93, 98, 99, 101, 102, 110
鑽桿測試（Drill Stem Test, DST） 109, 110

國家圖書館出版品預行編目資料

能源危機／丁仁東編著. ——一版. ——臺北市：五南, 2009.09
面； 公分
參考書目：面
ISBN 978-957-11-5730-6（平裝）
1.能源 2.能源技術 3.能源政策 4.全球氣候變遷
400.15 98012611

5A74

能源危機

編　　者 — 丁仁東(2.6)
發 行 人 — 楊榮川
總 編 輯 — 龐君豪
主　　編 — 穆文娟
責任編輯 — 蔡曉雯
封面設計 — 簡愷立
出 版 者 — 五南圖書出版股份有限公司
地　　址：106台北市大安區和平東路二段339號4樓
電　　話：(02)2705-5066　　傳　　真：(02)2706-6100
網　　址：http://www.wunan.com.tw
電子郵件：wunan@wunan.com.tw
劃撥帳號：01068953
戶　　名：五南圖書出版股份有限公司

台中市駐區辦公室/台中市中區中山路6號
電　　話：(04)2223-0891　　傳　　真：(04)2223-3549
高雄市駐區辦公室/高雄市新興區中山一路290號
電　　話：(07)2358-702　　傳　　真：(07)2350-236

法律顧問　元貞聯合法律事務所　張澤平律師

出版日期　2009年9月一版一刷
定　　價　新臺幣450元

凝煉知識 品味閱讀